本书受到牡丹江师范学院学术专著出版基金资助

材料结构与物性研究

孙霄霄　张　丹　著

北　京
冶　金　工　业　出　版　社
2018

内 容 提 要

本书采用基于密度泛函理论的第一性原理计算方法对半导体材料 Si、二元半导体化合物（BiI_3、Li_3Bi、SbI_3、AsI_3）和过渡金属化合物（Mo_2BC、Mo_3Al_2C）在高压下的结构、力学和电子性质进行了系统的研究。全书共分 10 章，第 1 章为绪论部分，第 2 章是 First-Principles（第一性原理）计算的理论方法，第 3 章是计算程序 Materials Studio 简介，第 4 章介绍了半导体化合物 BiI_3 的晶体结构、弹性性质、电子性质和高压下的结构相变，第 5 章、第 6 章和第 7 章分别介绍了高压下 Li_3Bi 、SbI_3 和 AsI_3 的晶体结构、弹性性质和电子性质，第 8 章和第 9 章介绍了过渡金属化合物 Mo_2BC、Mo_3Al_2C 的晶体结构、弹性性质和电子性质，第 10 章分析了单晶 Si 的晶体结构、弹性性质和电子性质。

本书可供从事第一性原理计算研究的学者和其他从事新材料研究和开发的技术人员阅读，也可供相关专业从事新材料工程应用的技术人员学习参考。同时，本书也可作为高等院校材料、物理、化学、电子等相关专业本科和研究生的学习参考书。

图书在版编目(CIP)数据

材料结构与物性研究/孙霄霄，张丹著．—北京：冶金工业出版社，2018. 1

ISBN 978-7-5024-7695-3

Ⅰ.①材…　Ⅱ.①孙…　②张…　Ⅲ.①工程材料—结构性能　Ⅳ.①TB303

中国版本图书馆 CIP 数据核字（2017）第 309840 号

出 版 人　谭学余
地　　址　北京市东城区嵩祝院北巷 39 号　邮编　100009　电话　(010)64027926
网　　址　www.cnmip.com.cn　电子信箱　yjcbs@ cnmip. com. cn
责任编辑　夏小雪　美术编辑　彭子赫　版式设计　孙跃红
责任校对　郭惠兰　责任印制　李玉山
ISBN 978-7-5024-7695-3
冶金工业出版社出版发行；各地新华书店经销；北京建宏印刷有限公司印刷
2018 年 1 月第 1 版，2018 年 1 月第 1 次印刷
169mm×239mm；9. 25 印张；178 千字；137 页
36. 00 元

冶金工业出版社　投稿电话　(010)64027932　投稿信箱　tougao@ cnmip. com. cn
冶金工业出版社营销中心　电话　(010)64044283　传真　(010)64027893
冶金书店　地址　北京市东四西大街 46 号(100010)　电话　(010)65289081(兼传真)
冶金工业出版社天猫旗舰店　yjgycbs.tmall.com
（本书如有印装质量问题，本社营销中心负责退换）

前　言

目前，利用实验和第一性原理计算方法对二元化合物的物性进行研究仍是热点课题。20 世纪 80 年代之后，材料分析的实验手段发展很快，不断出现新的实验结果，这也激发了人们对二元化合物晶体结构的新一轮探寻。另外，计算机技术迅猛发展，利用计算机进行计算可以不受外界条件的限制，模拟实验技术难以达到的极端条件，具有极大的灵活性。我们可以利用计算机对材料物性进行更为精准的理论计算研究。20 世纪 80 年代以前的理论计算，由于分析方法的局限性，计算机能力的限制，理论和实验的研究结果之间有着比较大的差异。目前，无论是实验上还是理论上都缺乏对很多半导体材料在高压下的结构、力学和电子性质的研究。

在本书中，我们将对半导体材料 Si、二元半导体化合物（BiI_3、Li_3Bi、SbI_3、AsI_3）和过渡金属化合物（Mo_2BC、Mo_3Al_2C）的高压物性进行细致的理论计算，这有助于更全面地理解这些材料的结构性质和对一些实验现象进行理论解释。

我们的研究主要采用基于平面波展开的密度泛函理论来计算分析体系的总能，弹性常数可以采用有限应变理论来计算分析。对于不同的结构，我们分别给出其晶格参数，并计算出相关弹性模量，分析其结构的稳定性。确定其块体模量、剪切模量以及杨氏模量等弹性特性相关物理量，并分析其各向异性特征。在结构优化中，我们同时对单胞和内部自由参数进行优化。所有的计算均进行收敛测试。对于交换关联函数，我们采用 GGA 下的 PBE

形式。我们也将探讨材料的电子性质，计算能带和态密度，分析力学性质的微观机制。

鉴于许多半导体材料在压力下可以转换为金属，即压力引起的电子相变，从半导体转变到金属，使得其导电性能大大提高。我们通过计算焓压曲线来探讨高压下其结构相变行为，通过分析带隙随压力的变化规律，探讨其转变为金属的可能性。这些性质对高压下合成、加工该材料以及在特殊环境中的应用有着一定的指导意义。

本书由牡丹江师范学院物理与电子工程学院的孙霄霄老师主持撰写和统稿，牡丹江师范学院计算机与信息技术学院的张丹老师参与了第 2 章和第 3 章的撰写。本书在编写过程中，参阅了大量国内外相关著作、硕博士论文和期刊文献，在此谨对撰写这些文献的同志表示衷心的感谢！衷心感谢江苏师范大学李延龄教授的指导。感谢牡丹江师范学院学术专著出版基金的资助，黑龙江省教育厅项目资助（高压下金属化合物的结构、力学和电子性质的第一性原理研究 1352MSYYB013）和牡丹江师范学院一般项目资助（YB201602）。

限于本书作者学识有限，疏漏和不当之处在所难免，敬请广大读者批评指正。

著 者

2017 年 10 月

目　录

1 绪　　论

1.1 高压对材料物性的影响

高压通常是指高于常压的压强条件，一般出现在地球中心、恒星以及爆炸过程中。例如，地球中心的压力为360GPa，太阳中心的压力为10^7GPa[1]。在材料物理学中提到的高压，通常是指压力在几千到几万大气压范围。高压下，物质的晶格结构和电子结构的改变，导致其力学、电学以及光学等性质发生重要变化。材料在高压下表现出丰富的相图，新结构的出现意味着可能会有新现象的发现[2,3]，这也就提出了许多新的物理问题，甚至对旧的理论提出挑战。研究材料在高压下的物理性质对于探索许多材料的高压热力学性质、平衡态、力学性质以及光学性质等起着特别重要的作用[4]。

结构决定性质，同一种物质有着不同的晶体结构，不同的晶体结构预示着其性能差异。材料在高压下表现出和常压下不同的性质，随着压力的增大，物质内部的原子间距一般会缩短，物质的原子排布规律有可能突然变化，导致结构相变。原子距离的减小也会提高相邻原子间电子轨道的交叠程度，导致电子相变，通常会发生绝缘体到金属的结构转变。在压强大于100GPa时，平均每种固体物质会出现5个相变，即高压的作用可以产生5倍于现有材料的新物质[1]。近年来，高压物理发展迅速，对材料在高压下的结构和电子相变的研究，已成为凝聚态物理、材料物理和化学等学科领域研究的热点。研究高压下的材料物性对于探索材料的新性质和设计新材料具有重要的意义。

目前，对材料在高压下的物理和化学性质的研究，无论是理论研究，还是实验研究，都取得了很大进展。在实验上，需要开发特别的实验技术、手段去产生高压，并在高压条件下对各种物理行为进行探索研究。金刚石对顶砧是现在应用最为广泛的高压装置，它在实验室里能产生的最大静压记录为550GPa[5]。研究晶体结构的方法在实验上主要有X射线衍射、拉曼谱、红外谱、电子顺磁共振和X光电子能谱等，其中最常用的是X射线衍射和拉曼谱。理论上的方法主要包括解析研究、密度泛函理论和GW方法等[6]。相比于实验方法，第一性原理方法具有突出的优点。基于第一性原理的理论计算基本上不受时间、空间条件和实验条件的限制，即使是自然界不能观察到的实验现象，或者时间和空间上在实验室无法进行的实验，我们都可以在理论上预先探索材料的结构特征，预言材料的物理性质，具有重要的指导意义。作为实验研究的重要补充，理论方法不但可以节约成本，而且为解释高压下材料的相变机制提供了重要的参考信息。目前，密度泛函理论框架下的第一性原理理论计算方法和高压下的实验方法的相互结合、补充已成为高压物理领域研究材料在高压下的结构、力学和电子特征的重要工具。

1.2　材料在高压下的结构相变和电子相变

晶体结构包括晶格及原子排列方式。高压下，原子的排列方式可能发生变化，即晶体结构发生转变，称之为结构相变。具有不同晶体结构的同一种材料，其性能一般有很大的不同。石墨和金刚石是由同一种碳元素组成的全碳晶体，所不同的是碳原子的排布方式不同，即晶体结构不同。这使它们的物理性质有很大差异：金刚石是自然界中最硬的物质，而石墨是最软的矿物之一；金刚石是绝缘体，而石墨具有良好的导电性。1954 年，人们在高温高压条件下用石墨做原料制造出人造金刚石。

压力作用下，材料可能发生结构相变和电子相变，如图 1-1 所示。在足够高的压力下，通常材料会发生结构相变，转变为原子更加致密排列的密堆积结构。在氧化物、硅酸盐和许多离子化合物中，随着压力的增加，堆积效率增大[5]。

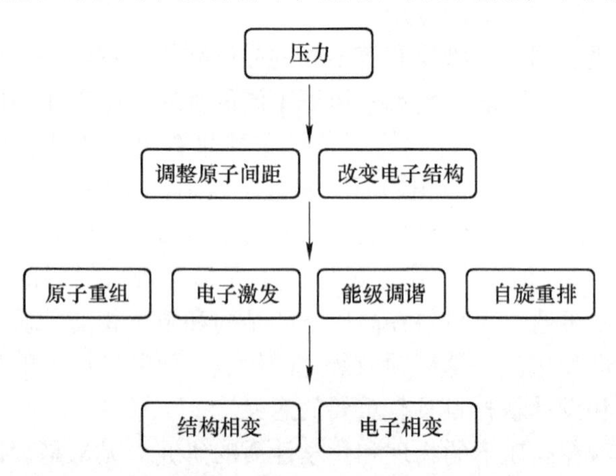

图 1-1　高压下材料物理性质改变示意图

另外，自旋态在压力下可能发生转变，从高自旋态转向低自旋态[7,8]。Bernal 认为任何非导体材料在足够大的压强下都可以实现电子轨道的重叠，从而实现金属化。例如，Drickamer 等人发现碘在足够大压力下可以实现从绝缘体到金属的高压相变[9]。最近，许多新现象在高压下被发现，例如，碱金属 Li 和 Na 单质在高压下发现从金属转变到绝缘体[10,13]。Li 虽然是简单的金属，但却展现出丰富的相图。室温下，锂具有全自由电子的体心立方结构。实验表明，随着温度降低或者压强增高，锂经历了一系列结构相变，变成超导体[11]。2000 年，Hanfland[12] 等人发现，常温常压下锂具有体心立方结构，随着压强增大发生了 *s*

电子到 p 电子的电荷转移，当压强为 7.5GPa 时，体心立方结构转变为面心立方结构。高压下锂的晶格动力学和电子结构不稳定，在 39GPa 时，面心立方结构的锂转变为空间群为 R-3m 的中间相。压强为 42GPa 时，变为呈半金属的特性的空间群为 I-43d 的复杂立方结构[13]。最近的振动波实验表明，在 70GPa 左右，锂呈现出从金属到绝缘体的转变[13]。碱金属 Na 在常温常压下具有体心立方结构，随着压强增大，在 65GPa 时转变为面心立方结构[14]，压强为 103GPa 时，转变为 cI16 结构[15]。2009 年，马琰铭[10]等人利用金刚石对顶砧高压实验装置研究了 Na 在高压下的结构，发现在 125GPa 时 Na 由 cI16 结构相变到 tI19 结构，当压强增大到 200GPa 时相变为 hp4 结构，电子结构的分析表明 hp4 结构的 Na 为宽带隙绝缘体。

1.3　BiI_3 和 Li_3Bi 的研究现状

BiI_3 是由 Bi 原子和碘原子构成的二元化合物，具有相对大的带隙，高密度，大的原子量，强离子键和强各向异性，成为室温下 γ-射线探测器或 X-射线数字成像传感器的制作材料[16,17]。BiI_3 还常常被用作分析试剂，也用于生物碱或其他碱类的检验。

早在 1964 年，Wyckoff[18]指出，BiI_3 晶体有两种不同的结构，一种是空间群为 P-31m 的六角（hexagonal）结构，另一种是空间群为 R-3 的菱方（rhombohedral）结构。在这两种结构中，原子层的周期性排列不同：BiI_3 的菱方结构（rhombohedral）可以看成是由 I-Bi-I 三层原子平面堆积构成，而六角结构的 BiI_3 晶体由 I-Bi-I 平面周期性排列形成。1966 年，Trotter 和 Zobel[19]采用 X-射线衍射方法测得的晶格常数 a 为 0.7516nm，c 为 0.6906nm。1996 年，Keller 等人[20]利用物理气相传输法生长 BiI_3 晶体，测得 BiI_3 在室温下的晶格常数为 $a=0.75192\pm0.00003$nm，$c=2.0721\pm0.0004$nm。1975 年，Krylova 等人[21]在温度为 1.6～77K 的范围内测量了 BiI_3 晶体吸收和发射光谱，他们认为 BiI_3 是间接带隙半导体，带隙为 2.009eV。相似的结论也被 Kaifu 和 Komatsu 得出。Kaifu 和 Komatsu[22~24]测出，在较高温度时 BiI_3 是直接带隙半导体，带隙为 2.080eV，而在温度较低时，是间接带隙半导体，带隙为 2.008eV。1976 年，Schlüer 等人[25]采用经验赝势方法计算了 BiI_3 能带，指出其是直接带隙半导体。因此，关于 BiI_3 晶体的电子结构在实验测量和理论计算上出现了矛盾。2008 年，Yorikawa 和 Muramatsu[26]采用第一性原理赝势计算方法对 BiI_3 的结构和电子性质进行了理论研究，证明菱方结构的 BiI_3 晶体是稳定结构，是间接带隙半导体。这一结论解决了关于带隙问题在实验测量和理论计算结果上的矛盾。1995 年，Lifshitz 和 Bykov 对 BiI_3 的荧光性质进行了研究[27]。2002 年，利用密度函数分析方法和第一性原理计算方法，Virko 等人探索了 MI_3（M= Bi，Sb，As）的分子结构[28]。1996 年，Judit Molnár 等人采用气相电子衍射和红外光谱实验方法对含有重金属元素的 SbI_3 和 BiI_3 的分子结构进行了测量[29]。2003 年，Sobolev 等人在 1~5eV 压强范围内分析了 BiI_3 的光学性质[30]。

自从 20 世纪 90 年代 SONY 公司研制出 $C/LiCoO_2$ 电池以来，以 Li 作为重要元素的电池产业发展迅猛。然而，至今未能找到合适理想的电池正极材料。Li 离子电池具有质量轻、放电电压高、能量密度高、循环寿命长、对环境较友好等显著优点，被广泛应用于包括手机、笔记本电脑等在内的各种新型便携式电子产品中。目前，已经扩展到智能电网、分布式能源系统、电动汽车、国防和航空航天等多个应用领域[31~33]。富锂相正极材料（Li-Al，Li-Si，Li-Pb，Li-Sn，Li-Cd 和 Li-Zn）被认为是很好的电池正极材料，但是由于制作工艺的限制，至今仍没有取得显著的商业效益，这促使我们要探索更多更好的新型材料。目前，无论实验还是理论上，人们都在积极探索研究新型锂离子电池正极材料，这在国内外都依然是一个热点课题。Li 和重金属所形成的锂化物具有良好的光子吸收特性，被认为是很好的电池正极候补材料[34]。锂化物 Li_3Bi 是由 Li 原子和重金属元素 Bi 结合形成的金属化合物，具有独特的物理和化学性质，引起了人们广泛的研究兴趣[35~40]。Li 元素作为电池中的成分被使用有以下两个原因：首先 Li 是质量较轻的原子，与许多惰性元素结合都可以形成稳定的金属化合物；其次在碱金属中 Li 的溶解度最小。如果溶解度过大，会导致电极间 Li 离子的不可逆转移，甚至会引起电池内部的短路[41]。

早在 1935 年，Zintl 等人[42]已经开始研究 Li_3Bi 的晶体结构。他们利用 X 射线衍射法确定了 Li_3Bi 晶体是面心立方结构，空间群为 Fm-3m。1992 年，Tegze 等人[43]利用 LMTO（linearized muffin-tin orbital）方法对 Li_3Bi 的电子性质进行了初步的探索，理论研究的结果表明 Li_3Bi 是带隙为 1.4eV 的间接带隙半导体。2002 年，Wang Xianming 等人[34]合成了以 Bi 薄膜作电极的 Li_3Bi 合金。

BiI_3 具有强的光学各向异性特征。目前，人们广泛关注于这种材料的光学性质[30,44]。对于 Li_3Bi 晶体，研究主要集中在其电子性质上，对其力学性质和结构相变的研究还没有相关的理论报道。对 BiI_3 和 Li_3Bi 在高压下的物性研究，可以丰富人们对 AB_3 型化合物在高压下物性的认识。

1.4 本书的主要内容和意义

目前，利用实验和第一性原理计算方法对二元化合物的物性进行研究仍是热点课题[45,46]。20 世纪 80 年代之后，材料分析的实验手段发展很快，不断出现新的实验结果，这也激发了人们对二元化合物晶体结构的新一轮探寻。另外，计算机技术迅猛发展，利用计算机进行计算可以不受外界条件的限制，模拟实验技术难以达到的极端条件，具有极大的灵活性，而 80 年代之前的研究，无论是计算的方法还是精确度都受限制。在本书中，我们对半导体材料 Si、二元半导体化合物（BiI_3、Li_3Bi、SbI_3、AsI_3）和过渡金属化合物（Mo_2BC、Mo_3Al_2C）的高压物性进行细致的理论计算，这有助于更全面地理解其结构性质和对一些实验现象进行理论解释，并探讨其高压下的特殊应用。我们对材料在高压下的结构、力学和电子特征的系统研究，丰富了材料在高压下的信息，为进一步的实验和理论研究提供了参考。

本书主要内容如下：

第 1 章是绪论。

第 2 章主要是介绍第一性原理计算的理论依据。在理论方法中，我们简要介绍了密度泛函理论、固体中的弹性理论、赝势以及论文计算所用到的程序。这些知识是我们后面具体研究内容的理论基础。

第 3 章介绍了 Materials Studio 软件，并介绍了利用 CASTEP 分析材料结构性质、能带结构、电荷密度、弹性性质、光谱计算、磁性计算和声子谱的方法。

在第 4 章，我们对 BiI_3 高压下的结构、力学和电子性质进行了系统的研究。首先，我们对 BiI_3 的几何结构进行了优化，得到了 BiI_3 的平衡晶格常数，确定其最稳定结构是 R-3 结构。其次，通过施加压力下的结构优化方法，选择多个典型结构，研究 BiI_3 在高压下的结构相变。首次从理论上确定了 BiI_3 在低于 150GPa 的压力下的结构相变序列，并计算出 BiI_3 的金属化压力是 61GPa。最后，我们分析了 BiI_3 稳定结构的弹性和电子特性。

在第 5 章，我们研究高压下 Li_3Bi 的结构、力学和电子性质。首先，我们对多个可能结构 Li_3Bi 的几何结构进行了优化，确定其最稳定的结构。计算得到的结果与实验测量值相符，误差较小。其次，研究 Li_3Bi 在压力下的力学性质。最后，我们分析了 Li_3Bi 的电子性质。

在第 6 章，我们研究了 SbI_3 结构和力学性质。计算得到的平衡结构参数与实验值符合的很好。通过对焓和弹性常数的计算证实了 R-3 结构的 SbI_3 是零压下最稳定的结构。对于稳定结构，其弹性常数要满足 Born-Huang 力学稳定标准。我们也计算了 R-3 相 SbI_3 的块体模量、剪切模量和杨氏模量，我们发现 SbI_3 具有大的弹性各向异性特征，较强的不可压缩性，具有好的延展性。

在第 7 章，我们研究了 AsI_3 晶体的物性。晶格优化后，计算得到晶体的平衡结构参数和实验值很接近。绝对零温零压下，R-3 结构的 AsI_3 晶体的最稳定结构。零压下，AsI_3 晶体具有较强的可压缩性，弹性模量也较小。AsI_3 晶体表现出大的弹性各向异性特性。AsI_3 晶体的硬度较小，是脆性材料。AsI_3 晶体是带隙较大的间接带隙半导体，随着压强的增大带隙是减小的。As-I 原子之间的化学键是弱的共价键和离子键的混合。

在第 8 章，利用基于第一性原理平面波赝势方法对 Mo_2BC 的特性进行了分析。Cmcm 结构是 Mo_2BC 的最稳定结构。Mo_2BC 的杨氏模量值是 471GPa，暗示 Mo_2BC 的硬度很高。泊松比值是 0.245，这表明 Cmcm 结构的 Mo_2BC 在弹性形变中体积变化是较大的。德拜温度 Θ_D 为 80K。电子性质的分析表明，零压下 Mo_2BC是金属。Mo_2BC 晶体中即存在着强共价键又存在金属键。

在第 9 章，我们研究了 Mo_3Al_2C 晶体，P4132 相是最稳定结构。零压下，Mo_3Al_2C 的杨氏模量为 239GPa，暗示 Mo_3Al_2C 的硬度很高。泊松比值是 0.3，这表明 P4132 结构的 Mo_3Al_2C 在弹性形变中体积变化是较大的。德拜温度 Θ_D 为 85K。随着压强的增大晶体的不可压缩性增强。计算得出 Mo_3Al_2C 的 B/G 值为 2.26，说明 Mo_3Al_2C 是延性材料。电子性质的分析表明，零压下 Mo_3Al_2C 是金属。Mo_3Al_2C 晶体中即存在着强共价键又存在金属键。

在第 10 章，我们对半导体 Si 的物性进行了研究。确定了立方结构的 Si 是稳定结构，弹性各向异性分析表明，Si 具有小的弹性各向异性特征。电子特征分析表明，Si 是半导体，是间接能隙，在价带顶附近，能带色散较大，表明电子非局域性。Si-*s* 远离价带顶，价带顶附近主要由 Si-*p* 贡献，这表明 *s*、*p* 轨道之间没有强的杂化。

在附录中我们列出了一些常用的化合物的晶格结构。

参考文献

[1] 谢禹．碱金属高压相变的第一性原理研究 [D]. 长春：吉林大学，2007.

[2] McMillan P F. Materials science: disciplines bound by pressure [J]. Nature, 1998, 391 (6667): 539~540.

[3] Hemley R J, Ashcroft N W. The revealing role of pressure in the condensed matter sciences [J]. Physics Today, 1998, 51 (8): 26~32.

[4] Vohra Y K, Xia H, Luo H, et al. Optical properties of diamond at pressures of the center of earth [J]. Applied Physics Letters, 1990, 57 (10): 1007~1009.

[5] 李延龄．高压下新材料物性的第一性原理研究 [D]. 合肥：中国科学院合肥物质科学研究院，2009.

[6] 刘海平．高压下钒的结构相变的第一性原理计算研究 [D]. 扬州：扬州大学，2008.

[7] Choi H C, Shim J H, Min B I. Electronic structure and magnetic properties of spinel $ZnMn_2O_4$ under high pressure [J]. Phys. Rev. B, 2006, 74 (17): 3840~3845.

[8] Tsuchiya T, Wentzcovitch R M, Da Silva C R S, et al. Pressure induced high spin to low spin transition in magnesiowüstite [J]. Phys. Stat. Sol. B, 2006, 243 (9): 2111~2116.

[9] 黄昆，韩汝琦．固体物理学 [M]. 北京：高等教育出版社，1988.

[10] Ma Y M, Eremets M, Oganov A R, et al. Transpatent dense sodium [J]. Nature, 2009, 458 (7235): 182~185.

[11] Bazhirov T, Noffsinger J, Cohen M L. Superconductivity and electron-phonon coupling in lithium at high pressures [J]. Physical Review B, 2010, 82 (82): 1616~1622.

[12] Hanfland M, Syassen K, Christensen N E, et al. New high-pressure phases of lithium [J]. Nature, 2000, 408 (6809): 174~178.

[13] Fortov V E, Yakushev V V, Kagan K L, et al. Anomalous electric conductivity of lithium under quasi-isentropic compression to 60GPa (0.6 Mbar) . Transition into a molecular phase? [J]. JETP Lett., 1999, 70 (9): 628~632.

[14] Hanfland M, Loa L, Syassen K. Sodium under pressure: bcc to fcc structural transition and pressure-volume relation to 100GPa [J]. Phys. Rev. B, 2002, 65 (18): 184109.

[15] Gregoryanz E, Degtyareva O, Somayazulu M, et al. Melting of dense sodium [J]. Phys. Rev. Lett., 2005, 94 (18): 185502.

[16] Cuña A, Aguiar I, Gancharov A, et al. Correlation between growth orientation and growth temperature for bismuth tri-iodide films [J]. Cryst. Res. Technol., 2004, 39 (10): 899~905.

[17] Cuña A, Noguera A, Saucedo E, et al. Growth of bismuth tri-iodide platelets by the physical vapor deposition method [J]. Cryst. Res. Technol., 2004, 39 (10): 912~919.

[18] Wyckoff R W G. Crystal structures [M]. New York: Interscience, 1964.

[19] Trotter J, Zobel T. The crystal structure of SbI_3 and BiI_3 [J]. Z. Kristallogr, 1966, 123 (1): 67~72.

[20] Keller L, Nason D. Review of X-ray powder diffraction data of rhombohedral bismuth tri-iodide [J]. Powder Diffraction, 1996, 11 (2): 91~95.

[21] Krylova N O, Shekhmametev R I, Gurgenbekov M Y. Indirect transitions and the optical spectrum of BiI_3 ctrstals at low-temperatures [J]. Opt. Spectrosc., 1975, 38 (5): 545~547.

[22] Watanabe K, Karasawa T, Komatsu T, et al. Optical properties of extrinsic two-dimensional excitons in BiI_3 single crystals [J]. J. Phys. Soc. Jpn., 1986, 55 (3): 897~907.

[23] Kaifu Y. Excitons in layered BiI_3 single crystals [J]. J. Lumin., 1988, 42 (2): 61~81.

[24] Kaifu Y, Komatsu T. Optical properties of bismuth tri-iodide single crystals.: II. Intrinsic absorption edge [J]. J. Phys. Soc. Jpn., 1976, 40 (5): 1377~1382.

[25] Schlüter M, Cohen M L, Kohn S E, et al. Electronic structure of BiI_3 [J]. Phys. Status Solidi b, 1976, 78 (2): 737~747.

[26] Yorikawa H, Muramatsu S. Theoretical study of crystal and electronic structures of BiI_3 [J]. J. Phys.: Condens. Matter, 2008, 20 (32): 325220.

[27] Lifshitz E, Bykov L. Continuous-wave, microwave-modulated, and thermal-modulated photoluminescence studies of the BiI_3 layered semiconductor [J]. J. Phys. Chem., 1995, 99 (14): 4894~4899.

[28] Virko S, Petrenko T, Yaremko A, et al. Density functional and ab initio studies of the molecular structures and vibrational spectra of metal triiodides, MI_3 (M=As, Sb, Bi) [J]. Journal of Molecular Structure: Theochem, 2002, 582 (1): 137~142.

[29] Molnár J, Kolonits M, Hargittai M, et al. Molecular structure of SbI_3 and BiI_3 from combined electron diffraction and vibrational spectroscopic studies [J]. Inorg. Chem., 1996, 35 (26):

7639~7642.

[30] Sobolev V Val, Pesterev E V, Sobolev V V. Fine structure of the optical spectra of bismuth triiodide [J]. Journal of Applied Spectroscopy, 2003, 70 (5): 748~752.

[31] 辛森，郭玉国，万立骏．高能量密度锂二次电池电极材料研究进展 [J]. 中国科学：化学，2011，41 (8)：1229~1239.

[32] 廖文明，戴永年，姚耀春，等．4 种正极材料对锂离子电池性能的影响及其发展趋势 [J]. 材料导报，2008，22 (10)：45~49.

[33] 储艳秋．锂离子电池薄膜电极材料的制备及其电化学性质研究 [D]. 上海：复旦大学，2003.

[34] Wang X M, Tatsuo N, Isamu U. Lithium alloy formation at bismuth thin layer electrode and its kinetics in propylene carbonate electrolyte [J]. J. Power Sources, 2002, 104 (1): 90~96.

[35] Villars P, Calvert L D. Pearson's handbook of crystallographic data for intermetallic phases [M]. Metals Park: American Society for Metals, 1985.

[36] Leonova M E, Sevast'yanova L G, Gulish O K, et al. New cubic phases in the Li-Na-Sb-Bi system [J]. Inorg. Mater., 2001, 37 (12): 1270~1273.

[37] Richardson T J. New electrochromic mirror systems [J]. Solid State Ionics, 2003, 165 (1): 305~308.

[38] Leonova M E, Bdikin I K, Kulinich S A, et al. High-pressure phase transition of hexagonal alkali pnictides [J]. Inorg. Mater., 2003, 39 (3): 266~270.

[39] Sangster J, Pelton A D. The Bi-Li (bismuth-lithium) system [J]. J. Phase Equilibria, 1991, 12 (4): 447~450.

[40] Kalarasse L, Bennecer B, Kalarasse F, et al. Pressure effect on the electronic and optical properties of the alkali antimonide semiconductors Cs_3Sb, KCs_2Sb, CsK_2Sb and K_3Sb: Ab initio study [J]. J. Phys. Chem. Solids, 2010, 71 (12): 1732~1741.

[41] Foster M S, Wood S E, Crouthamel C E. Thermodynamics of binary alloys. I. The lithium-bismuth system [J]. Inorg. Chem., 1964, 3 (10): 1428~1431.

[42] Zintl E, Brauer G. Konstitution der lithium-wismut-Legierungen [J]. Z. Elektrochem., 1935, 41 (5): 297~303.

[43] Tegze M, Hafner J. Electronic structure of alkali-pnictide compounds [J]. J. Phys.: Condens. Matter, 1992, 4 (10): 2449~2474.

[44] Jellison G E, Ramey J O, Boatne L A. Optical functions of BiI_3 as measured by generalized ellipsometry [J]. Phys. Rev. B, 1999, 59 (15): 9718~9721.

[45] Bercegeay C, Bernard S. First-principles equations of state and elastic properties of seven metals [J]. Phys. Rev. B, 2005, 72 (21): 214101.

[46] Souvatzis P, Delin A, Eriksson O. Calculation of the equation of state of fcc Au from first principles [J]. Phys. Rev. B, 2006, 73 (5): 054110.

2 理论研究方法

2.1 引言

本章简要介绍密度泛函理论、赝势、弹性常数的计算以及常用的计算程序。以密度泛函理论为基础的第一性原理计算方法，广泛应用于材料设计和模拟计算等各方面，已经变成材料和凝聚态物理科学的重要工具。如果使用第一性原理方法进行计算，首先，可以把固体看作多粒子体系，是由大量电子和原子核组成的。然后，列出多粒子体系的量子力学薛定谔（Schrödinger）方程，可以求解出方程的本征值和本征函数（即波函数）。最后，计算出固体材料的晶格结构、电子性质和光学性质等。由于固体是规模很庞大的多粒子体，计算时必须采用近似算法简化运算。我们通常采用绝热近似将波函数（$\Psi(\boldsymbol{r}, \boldsymbol{R})=\chi(\boldsymbol{R})\phi(\boldsymbol{r}, \boldsymbol{R})$）表示为描述离子实运动的波函数$\chi(\boldsymbol{R})$与多电子运动的波函数$\phi(\boldsymbol{r}, \boldsymbol{R})$的乘积；对于多电子的 Schrödinger 方程，我们通常利用 Hartree-Fock 近似方法将其简化为单电子方程；通过构造一个有限大小的基元，形成具有宏观周期性的物质体系，体系中电子的运动可以简化成求解周期场作用下的单电子 Schrödinger 方程。

2.2 密度泛函理论简介[1~3]

第一性原理（The first principle）计算也称为从头算起（ab initio）。固体的许多物理性质是由其微观电子结构决定的，因此可以试图通过求解多粒子系统的 Schrödinger 方程来获取固体全部的微观信息，继而预测固体的宏观性质。第一性原理计算方法需要采用适当的近似和简化，利用量子力学分析解决问题。多粒子系统的 Schrödinger 方程可以表示为：

$$H\Psi(\boldsymbol{r}, \boldsymbol{R}) = E^H\Psi(\boldsymbol{r}, \boldsymbol{R}) \tag{2-1}$$

H_N 为所有原子核的动能，H_e 为电子的动能，H_{e-N} 是 H_N 和 H_e 之间的相互作用，忽略其他外场作用，晶格的哈密顿量为：

$$H = H_e + H_N + H_{e-N} \tag{2-2}$$

$$H_e(\boldsymbol{r}) = T_e(\boldsymbol{r}) + V_e(\boldsymbol{r}) = -\sum_i \frac{\hbar^2}{2m}\nabla_i^2 + \frac{1}{2}\sum_{i,j}{}' \frac{e^2}{|\boldsymbol{r}_i - \boldsymbol{r}_j|} \tag{2-3}$$

式中，$T_e(r)$ 是电子的动能；$V_e(r)$ 是电子间库仑作用能。

$$H_N(\boldsymbol{R}) = T_N(\boldsymbol{R}) + V_N(\boldsymbol{R}) = -\sum_\alpha \frac{\hbar^2}{2M_\alpha}\nabla_\alpha^2 + \frac{1}{2}\sum_{\alpha,\beta} V_N(\boldsymbol{R}_\alpha - \boldsymbol{R}_\beta) \tag{2-4}$$

第一项为核的动能，第二项为核与核的相互作用能。它们之间的相互作用能为：

$$H_{e-N}(\boldsymbol{r},\ \boldsymbol{R}) = -\sum_{i,\ \alpha} V_{e-N}(\boldsymbol{r}_i - \boldsymbol{R}_\alpha) \tag{2-5}$$

式（2-1）~式（2-5）是解决固体的非相对论量子力学问题的基础公式。

通常，人们对研究体系进行简化，可以把外层价电子和内层电子分离，一起运动的原子核和内层电子构成了离子实（ion core），离子实与价电子构成凝聚态体系的基本单元。晶体哈密顿量可以改写为：

$$H = \sum_i \left(-\frac{\hbar^2}{2m}\nabla_i^2\right) + \sum_\alpha \left(-\frac{\hbar^2}{2M_\alpha}\nabla_\alpha^2\right) + \frac{1}{2}\sum_{i\neq j}\frac{e^2}{\boldsymbol{r}_{ij}} + \frac{1}{2}\sum_{\alpha\neq\beta}\frac{Z_\alpha Z_\beta e^2}{\boldsymbol{R}_{\alpha\beta}} - \sum_{i,\ \alpha}\frac{Z_\alpha e^2}{|\boldsymbol{r}_i - \boldsymbol{R}_\alpha|} \tag{2-6}$$

在式（2-6）中，第一个加式表示电子的动能，第二项加式是表征离子动能，第三项加式和第四项加式表示的是成对离子和电子间的静电能，第五项加式是原子核和电子间的吸引作用。其中，M_α 表示第 α 个离子的质量，相应坐标是 $\{\boldsymbol{R}_\alpha\}$；$m$ 表示电子质量；$\boldsymbol{r}_{ij} = |\boldsymbol{r}_i - \boldsymbol{r}_j|$ 表示电子间距离，$\boldsymbol{R}_{\alpha\beta} = |\boldsymbol{R}_\alpha - \boldsymbol{R}_\beta|$ 表示原子核间距离；Z_α 表示第 α 个原子核的电荷。

2.2.1 Born-Oppenheimer 绝热近似

M. Born 和 J. E. Oppenheimer 认为，电子的质量相比于原子核要小很多，而且电子运动的速度要比原子核快很多，所以我们可以分开探讨电子的运动与原子核的运动。在计算电子的运动时，不考虑原子核的运动，认为离子实位于它们的瞬时位置上，可以认为离子实始终不动，电子处于固定的离子实产生的势场中。讨论离子实的运动时，电子的运动和它们在空间的具体分布可以不被考虑。这就是绝热近似（Born-Oppenheimer 近似[4]）。

系统波函数可以近似写为：

$$\Psi(\boldsymbol{r},\ \boldsymbol{R}) = \chi(\boldsymbol{R})\phi(\boldsymbol{r},\ \boldsymbol{R}) \tag{2-7}$$

在式（2-7）中，$\chi(\boldsymbol{R})$ 是表征离子实运动的波函数，第二个因子 $\phi(\boldsymbol{r},\ \boldsymbol{R})$ 是表示多电子体系运动的波函数。离子实的运动满足方程式（2-8）：

$$\left(-\sum_\alpha \frac{\hbar^2}{2M_\alpha}\nabla_\alpha^2 + E_0(\boldsymbol{R})\right)\chi(\boldsymbol{R}) = \varepsilon\chi(\boldsymbol{R}) \tag{2-8}$$

式（2-8）中，$E_0(\boldsymbol{R})$ 为电子运动体系的总能量，以平均势的身份出现在离子实的动力学方程之中，常被称为 Born-Oppenheimer 势能面。$\boldsymbol{R}$ 是系统中所有离子实坐标 $\{\boldsymbol{R}_\alpha\}$ 集合。相互作用的电子系统满足如下方程：

$$H_{\mathrm{BO}}(\boldsymbol{r},\ \boldsymbol{R})\phi(\boldsymbol{r},\ \boldsymbol{R}) = E_0(\boldsymbol{R})\phi(\boldsymbol{r},\ \boldsymbol{R}) \tag{2-9}$$

其中 H_{BO} 被称为 Born-Oppenheimer 哈密顿量，表示为：

$$H_{BO}=-\frac{\hbar^2}{2m}\sum_i \nabla_i^2+\frac{e^2}{2}\sum_{i\neq j}\frac{1}{\boldsymbol{r}_{ij}}+\frac{e^2}{2}\sum_{\alpha\neq\beta}\frac{Z_\alpha Z_\beta}{\boldsymbol{R}_{\alpha\beta}}-\sum_{i,\ \alpha}\frac{Z_\alpha e^2}{|\boldsymbol{r}_i-\boldsymbol{R}_\alpha|} \tag{2-10}$$

2.2.2 Hartree-Fock 近似

我们可以把电子的运动与离子实的运动分开来考虑，即做绝热近似，但多粒子系统的 Schrödinger 方程却还是个多体方程。因为电子和电子之间存在着相互作用的库仑力，准确严格地求解这种多体方程是不可能的，可以将多粒子的 Schrödinger 方程简化为单电子有效势方程，即利用 Hartree-Fock 近似，将多电子 Schrödinger 方程表示成为每一个独立的电子波函数连乘形式，如式（2-11）：

$$\phi(\boldsymbol{r})=\phi_1(\boldsymbol{r}_1)\phi_2(\boldsymbol{r}_2)\cdots\phi_n(\boldsymbol{r}_n) \tag{2-11}$$

式（2-11）常常被称为哈特利（Hartree）波函数。

Hartree-Fock 单电子波函数方程表示如式（2-12）：

$$\left[-\nabla^2+V(\boldsymbol{r})-\int d\boldsymbol{r}'\frac{\rho(\boldsymbol{r}')-\rho_i^{HF}(\boldsymbol{r},\ \boldsymbol{r}')}{|\boldsymbol{r}-\boldsymbol{r}'|}\right]\phi_i(\boldsymbol{r})=E_i\phi_i(\boldsymbol{r}) \tag{2-12}$$

哈特利-福克（Hartree-Fock）近似仅仅考虑了电子间的交换相互作用，但是却没有考虑电子之间的关联势，因此不是纯粹意义上的单电子理论。

2.2.3 Hohenberg-Kohn 定理

在 Hohenberg-Kohn 定理基础上的密度泛函理论，通常被认为是探究多粒子系统基态的重要理论方法，是计算固体电子结构和总能的有力工具，可以将多电子问题转化为单电子方程。密度泛函理论可以使复杂的多电子波函数 $\phi(\boldsymbol{r})$ 转化为较简单的粒子数密度函数 $\rho(\boldsymbol{r})$ 。

1964 年，Hohenberg 和 Kohn[5] 探索了均匀电子气 Thomas-Fermi 模型，并在此基础上提出了 Hohenberg-Kohn（H-K）第一和第二定理。

第一定理：全同费密子系统在不考虑自旋的情况下，其基态能量由 $\rho(\boldsymbol{r})$ 唯一确定。

$\rho(\boldsymbol{r})$ 定义为：

$$\rho(\boldsymbol{r})\equiv\langle\phi|\ \Psi^+(\boldsymbol{r})\Psi(\boldsymbol{r})\ |\phi\rangle \tag{2-13}$$

式中，ϕ 是基态波函数。

第二定理：能量泛函 $E[\rho]$ 的最小值在粒子数不变的条件下等于体系基态能量 $E_G[\rho]$ 。

多电子体系的哈密顿量为：

$$H=T+U+V \tag{2-14}$$

式中，T 为电子动能，V 是局域势 $\boldsymbol{v}(\boldsymbol{r})$ 表示的外场作用，U 表示库仑排斥力。如

果 $v(\boldsymbol{r})$ 已经被给定，能量泛函 $E[\rho]$ 定义如式（2-15）所示：

$$E(\rho) \equiv \int \mathrm{d}\boldsymbol{r} v(\boldsymbol{r})\rho(\boldsymbol{r}) + \langle \phi | (T+U) | \phi \rangle \tag{2-15}$$

定义一泛函 $F[\rho]$，其与外场无关，表示为：

$$F[\rho] \equiv \langle \phi | (T+U) | \phi \rangle \tag{2-16}$$

$$F[\rho] = T[\rho] + \frac{1}{2}\iint \mathrm{d}\boldsymbol{r}\mathrm{d}\boldsymbol{r}' \frac{\rho(\boldsymbol{r})\rho(\boldsymbol{r}')}{|\boldsymbol{r}-\boldsymbol{r}'|} + E_{XC}[\rho] \tag{2-17}$$

式（2-17）中，第一项表示非相互作用电子体系的动能；第二项是与无相互作用粒子模型的库仑排斥项相对应；第三项交换-关联能 $E_{XC}[\rho]$ 仍然是未知的，没有包含在前两项加式中的相互作用项都在其中。

对式（2-17）的求解仍然存有三方面的困难：一是粒子数密度函数 $\rho(\boldsymbol{r})$ 的确定；二是不考虑电子系统相互作用的动能泛函 $T[\rho]$ 的确定，这两个方面的计算可以利用 Kohn 和 Sham 在 1964 年提出的 Kohn-Sham 方程去解决；三是怎样来确定交换关联能 $E_{XC}[\rho]$，我们常常采用局域密度近似（local-density approximation，LDA）这个方法计算。

2.2.4　Kohn-Sham 方程

1965 年，Kohn、Sham 提出，用无相互作用动能泛函 $T_s[\rho]$ 代替实际动能泛函 $T[\rho]$，而将 $T_s[\rho]$ 和 $T[\rho]$ 差别中的复杂部分放置在未知的交换关联泛函 $E_{XC}[\rho]$ 中，这样多电子薛定谔方程就简化成为单电子 Kohn-Sham 方程。

$\rho(\boldsymbol{r})$ 表示为：

$$\rho(\boldsymbol{r}) = \sum_{i=1}^{N} |\phi_i(\boldsymbol{r})|^2 \tag{2-18}$$

用动能泛函 $T_s[\rho]$ 代替实际动能泛函 $T[\rho]$，有：

$$T_s[\rho] = \sum_{i=1}^{N}\int \mathrm{d}\boldsymbol{r}\phi_i^*(\boldsymbol{r})(-\nabla^2)\phi_i(\boldsymbol{r}) \tag{2-19}$$

对 $\phi_i(\boldsymbol{r})$ 变分代替对 ρ 的变分，有：

$$\delta\left\{E[\rho(\boldsymbol{r})] - \sum_{i=1}^{N} E_i\left[\int \mathrm{d}\boldsymbol{r}\phi_i^*(\boldsymbol{r})\phi_i(\boldsymbol{r}) - 1\right]\right\}/\delta\phi_i(\boldsymbol{r}) = 0 \tag{2-20}$$

于是可得：

$$\left\{-\nabla^2 + v(\boldsymbol{r}) + \int \mathrm{d}\boldsymbol{r}' \frac{\rho(\boldsymbol{r}')}{|\boldsymbol{r}-\boldsymbol{r}'|} + \frac{\delta E_{XC}[\rho]}{\delta\rho(\boldsymbol{r})}\right\}\phi_i(\boldsymbol{r}) = E_i\phi_i(\boldsymbol{r}) \tag{2-21}$$

其中

$$V_{eff}(\boldsymbol{r}) = v(\boldsymbol{r}) + \int \mathrm{d}\boldsymbol{r}' \frac{\rho(\boldsymbol{r}')}{|\boldsymbol{r}-\boldsymbol{r}'|} + \frac{\delta E_{XC}[\rho(\boldsymbol{r})]}{\delta\rho(\boldsymbol{r})} \tag{2-22}$$

式（2-18），式（2-21）和式（2-22）统称 Kohn-Sham 方程。有效势 $V_{eff}(\boldsymbol{r})$ 中第一项是外势 $v(\boldsymbol{r})$，第二项是库仑势，第三项是交换-关联势。

我们可以先求解公式（2-21）得到 $\phi_i(\boldsymbol{r})$，然后根据公式（2-18）求解出粒子数密度函数 $\rho(\boldsymbol{r})$。Kohn-Sham 方程的求解过程实际上就是求解一个自洽循环过程，当得出的粒子数密度函数 $\rho(\boldsymbol{r})$ 与之前一次求解出的结果差值小于一定的收敛精度时，即结束计算。

2.2.5　常用的交换关联函数

利用 Hohenberg-Kohn-Sham 方程求解，多电子 Schrödinger 方程简化为有效的单电子 Kohn-Sham 方程，这种计算方案是完全严格的。但是要求我们要找出合理的交换关联能泛函形式，因为其中唯一的近似包含在交换关联能 $E_{XC}[\rho]$ 一项中，这是求解 Kohn-Sham 方程的关键。现在，局域密度近似泛函（LDA，Local Density Approximation）和广义梯度近似泛函（GGA，Generalized Gradient Approximation）被广泛使用。

局域密度近似的中心思想是把一个非均匀系统用局域的均匀系统来代替。也就是说，只需给定位置变量 $\boldsymbol{r}$ 值，代入函数 $\rho(\boldsymbol{r})$，得出该位置时的 ρ 的函数值，就可以得出 ε_{XC}^{LDA} 的值，即 $\varepsilon_{XC}(\rho(\boldsymbol{r}))$ 的大小仅仅跟 $\boldsymbol{r}$ 位置的函数 $\rho(\boldsymbol{r})$ 的数值大小有关。但是如果不采用局域密度近似方法，就需要知道整个 $\rho(\boldsymbol{r})$ 函数分布，这样才能计算出空间中各点的 $\varepsilon_{XC}(\rho(\boldsymbol{r}))$ 值。经过实践证明，采用密度泛函理论（DFT）计算和采用局域密度近似（LDFT）方法计算都可以得到正确合理的结果。

在 LDA 方法条件下，交换关联能 $E_{XC}^{LDA}[\rho]$ 可以写成：

$$E_{XC}^{LDA}[\rho] = \int \rho(\boldsymbol{r})\varepsilon_{XC}(\rho(\boldsymbol{r}))d^3\boldsymbol{r} \tag{2-23}$$

$E_{XC}^{LDA}[\rho]$ 满足：

$$\frac{\delta E_{XC}^{LDA}[\rho(\boldsymbol{r})]}{\delta\rho(\boldsymbol{r})} = \frac{\partial[\rho(\boldsymbol{r})\varepsilon_{XC}(\rho(\boldsymbol{r}))]}{\partial\rho(\boldsymbol{r})} \tag{2-24}$$

式中，$\varepsilon_{XC}(\rho(\boldsymbol{r}))$ 是密度为 ρ 的均匀系统中每个粒子的交换-关联势能。

在广义梯度的近似条件下，交换-关联势与 ρ 及它的梯度有关，如式（2-25）所示：

$$E_{XC}^{GGA} = \int f_{XC}(\rho,\ \nabla\rho)d^3\boldsymbol{r} \tag{2-25}$$

对于 GGA，常用的交换关联能的三种形式有：PW91[6]，PBE[7]，RPBE[8]等形式。

2.2.6　布洛赫定理

把固体作为理想晶体，可以进一步将电子问题简化，Kohn-Sham 方程可以写作公式（2-26）：

$$H\phi_n(\boldsymbol{r}) = [-\nabla^2 + V_{KS}(\boldsymbol{r})]\phi_n(\boldsymbol{r}) = E_n\phi_n(\boldsymbol{r}) \tag{2-26}$$

式中 $V_{KS}(\boldsymbol{r})$：

$$V_{KS}(\boldsymbol{R}_l + \boldsymbol{r}) = V_{KS}(\boldsymbol{r}) \tag{2-27}$$

将 $\boldsymbol{r}$（位矢）变为 $\boldsymbol{r} + \boldsymbol{R}_l$ 的平移操作算符记作 $T_{\boldsymbol{R}_l}$，公式（2-26）可改写为：

$$T_{\boldsymbol{R}_l}(H\phi_n) = T_{\boldsymbol{R}_l}(E_n\phi_n) \tag{2-28}$$

$$H(T_{\boldsymbol{R}_l}\phi_n) = E_n(T_{\boldsymbol{R}_l}\phi_n) \tag{2-29}$$

若 E_n 是非简并的，则只有一个 ϕ_n 属于 E_n，那么：

$$T_{\boldsymbol{R}_l}\phi_n = \lambda^l\phi_n, \quad |\lambda^l|^2 = 1 \tag{2-30}$$

现将 λ^l 改写成 $e^{i\alpha_l}$，通过

$$\boldsymbol{R}_l + \boldsymbol{R}_m = \boldsymbol{R}_p, \quad T_{\boldsymbol{R}_l}T_{\boldsymbol{R}_m} = T_{\boldsymbol{R}_p}, \quad e^{i(\alpha_l+\alpha_m)} = e^{i\alpha_p} \tag{2-31}$$

得出：

$$\lambda^l = e^{i\boldsymbol{k}\cdot\boldsymbol{R}_l} \tag{2-32}$$

E_n 是 f_n 度简并的，将 $T_{\boldsymbol{R}_l}$ 作用于 ϕ_{n_ν} 后，得到 ϕ_{n_ν} 的线性组合的函数，如公式（2-33）：

$$T_{\boldsymbol{R}_l}\phi_{n_\nu} = \sum_{\nu'=1}^{f_n}\lambda^l_{\nu\nu'}\phi_{n_\nu} \tag{2-33}$$

公式（2-33）可以用一个矩阵 $\lambda^l_{\nu\nu'}$ 来表示，矩阵满足公式（2-34）：

$$T_{\boldsymbol{R}_l}T_{\boldsymbol{R}_m} = T_{\boldsymbol{R}_p} \rightarrow \sum_{\nu'=1}^{f_n}\lambda^l_{\nu\nu'}\lambda^m_{\nu\nu''} = \lambda^p_{\nu\nu''} \tag{2-34}$$

矩阵 $\lambda^l_{\nu\nu'}$ 写成对角形式：

$$\Lambda^l_{\nu\nu'} = \Lambda^l_{\nu\nu}\delta_{\nu\nu'} \tag{2-35}$$

得：

$$T_{\boldsymbol{R}_l}\phi_{n_\nu} = \sum_{\nu'=1}^{f_n}\Lambda^l_{\nu\nu'}\phi_{n_{\nu'}} = \Lambda^l_{\nu\nu}\phi_{n_\nu} \tag{2-36}$$

数学形式的布洛赫定理为：

$$T_{\boldsymbol{R}_l}\phi_n(\boldsymbol{k}, \boldsymbol{r}) = \phi_n(\boldsymbol{k}, \boldsymbol{r} + \boldsymbol{R}_l) = e^{i\boldsymbol{k}\cdot\boldsymbol{R}_l}\phi_n(\boldsymbol{k}, \boldsymbol{r}) \tag{2-37}$$

2.2.7　平面波基矢

根据布洛赫定理，电子的波函数可以用平面波与周期函数的乘积表示，如公式（2-38）：

$$\psi_i(\boldsymbol{r}) = e^{j\boldsymbol{k}\cdot\boldsymbol{r}}u_i(\boldsymbol{r}) \tag{2-38}$$

$$u_i(\boldsymbol{r}) = \sum_G c_{i,G}e^{j\boldsymbol{G}\cdot\boldsymbol{r}} \tag{2-39}$$

式中，$\boldsymbol{G}$ 是倒格矢。每个电子波函数可展开为式（2-40）：

$$\psi_i(\boldsymbol{r}) = \sum_G c_{i,k+G}e^{j(\boldsymbol{k}+\boldsymbol{G})\cdot\boldsymbol{r}} \tag{2-40}$$

2.3 赝势

通常，需要将本征函数按一组正交归一完备基展开求解 Kohn-Sham 方程。在自洽求解过程中，选取合适的基函数非常重要。原则上，完备平面波基集中所有的基矢都应包含在基函数内，这也会使计算量过大。所以我们要采用适当的近似以减少基函数的数目，这样可以计算尽可能少的维度。在波函数和 $\boldsymbol{k}$ 点样本的傅里叶展开中，采用一个平面波能量截断，有助于无限晶体体系 Kohn-Sham 方程的求解。根据研究对象不同，选择不同的基函数，常用的方法有：正交化平面波法、原子轨道线性组合法[9]、赝势平面波法[10]、线性化缀加平面波法[11]等。

我们知道，在核区域内存在大量快速振荡的电子，如果要描述这些电子需要大量的波函数，平面波基集通常难以完成电子波函数的扩展需求。元素的价电子在材料特性上扮演极重要的角色，内层电子则不然。我们可以将内层电子与原子核（离子实）的作用合在一起考虑，求解波函数时只需要处理价电子。固体（金属、半导体、绝缘体）的许多物理性质主要由费米能级附近的价电子决定，赝势方法就是利用这个性质，在离子实内部采用一个减弱的假想的赝势能来代替内层电子和原子核的真实势场。

图 2-1 所示是赝势方法的示意图。其中，r_c 为距离原子中心的半径，ϕ_V 是真实价电子波函数，ϕ_{PS} 是赝波函数（必须没有节点），$\boldsymbol{Z/r}$ 是内层电子和原子核的真实位势，V_{PS} 是赝势。赝势方法实际就是在小于 r_c 范围内用平缓变化的赝波函数 ϕ_{PS} 代替剧烈振荡的价电子波函数 ϕ_V 。在具有相同本征值的情况下，V_{PS} 可以给出价电子近似解 ϕ_{PS} 。

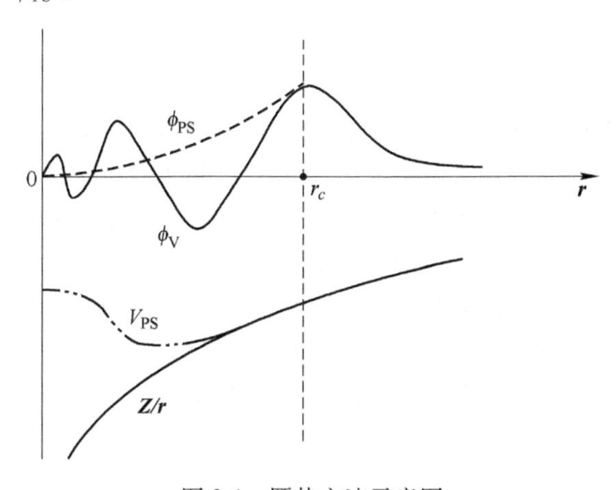

图 2-1　赝势方法示意图

真实价电子波函数 ϕ_V 可以看作是由赝波函数 ϕ_{PS} 和内层波函数 ϕ_c 的叠加，表示为：

$$\phi_V = \phi_{PS} + \sum_i C_i \phi_{ci} \tag{2-41}$$

式中，系数 C_i 由正交条件 $\langle \phi_V | \phi_{ci} \rangle = 0$ 确定，即：

$$C_i = -\langle \phi_{ci} | \phi_{PS} \rangle \tag{2-42}$$

现将 $H - E_V$ 作用于 $| \phi_{PS} \rangle$ 上，有：

$$\left[H + \sum_c (E_V - E_C) | \phi_{ci} \rangle \langle \phi_{ci} | - E_V \right] | \phi_{PS} \rangle = 0 \tag{2-43}$$

将哈密顿算符写成：

$$H = T + V \tag{2-44}$$

如令：

$$V_{PS} = V + \sum_i (E_V - E_C) | \phi_{ci} \rangle \langle \phi_{ci} | \tag{2-45}$$

则形式上就给出：

$$[T + V_{PS} - E_V] | \phi_{PS} \rangle = 0 \tag{2-46}$$

式（2-46）就是赝波函数 $| \phi_{PS} \rangle$ 满足的方程。

构造赝势的方法很多，有模守恒赝势（norm conserving pseudopotential）、经验赝势（empirical pseudopotential）、离子赝势（ionic pseudopotential）、超软赝势（ultrosoft pseudopotential）等。本书中的计算都是基于价电子近似的基础上完成的，采用的是超软赝势平面波方法。1990 年，Vandbilt[12] 提出了超软赝势方法，其特色是利用价态和芯态的正交性，减少计算中需要的平面波基底函数，可以节省计算时间。

2.4 弹性常数的计算

固体的弹性性质非常重要，它与各种固态现象密切相关。弹性常数既可以通过实验测量也可以通过理论计算得到。弹性常数的实验测量在高温高压极限条件下比较困难，理论计算成为重要的补充。弹性常数一般是在零温或者室温条件下的计算。利用弹性常数，我们可以计算块体模量（bulk modulus，B）、剪切模量（shear modulus，G）、杨氏模量（E）、泊松比（ν）和德拜温度（Θ_D）。

利用线性响应框架下的有限应变理论可以准确的计算弹性常数。弹性常数（elastic constants）表征了晶体对外加压力的抵抗程度。

描述某一个点的应力状态的张量称为应力张量，可以写为：

$$\sigma = \begin{bmatrix} \sigma_{11} & \sigma_{12} & \sigma_{13} \\ \sigma_{21} & \sigma_{22} & \sigma_{23} \\ \sigma_{31} & \sigma_{32} & \sigma_{33} \end{bmatrix} \tag{2-47}$$

晶体中某一点的应变张量，表示为：

$$\varepsilon = \begin{bmatrix} \varepsilon_{11} & \varepsilon_{12} & \varepsilon_{13} \\ \varepsilon_{21} & \varepsilon_{22} & \varepsilon_{23} \\ \varepsilon_{31} & \varepsilon_{32} & \varepsilon_{33} \end{bmatrix} \tag{2-48}$$

对于各向同性的材料，互不耦合的正应变和剪应变分别只由响应正应力和剪应力引起。对于各向异性的材料而言，任何应力分量的施加都可能引起应变。广义 Hooke 定律指出的应力-应变关系表示为：

$$\sigma_i = C_{ij}\varepsilon_j \tag{2-49}$$

式中，C_{ij} 称为弹性常数。弹性顺度系数 $S_{ij} = 1/C_{ij}$，C_{ij} 与 S_{ij}之间互为逆矩阵。式（2-49）写成矩阵形式，如式（2-50）所示。

$$\begin{bmatrix} \sigma_1 \\ \sigma_2 \\ \sigma_3 \\ \sigma_4 \\ \sigma_5 \\ \sigma_6 \end{bmatrix} = \begin{bmatrix} C_{11} & C_{12} & C_{13} & C_{14} & C_{15} & C_{16} \\ C_{21} & C_{22} & C_{23} & C_{24} & C_{25} & C_{26} \\ C_{31} & C_{32} & C_{33} & C_{34} & C_{35} & C_{36} \\ C_{41} & C_{42} & C_{43} & C_{44} & C_{45} & C_{46} \\ C_{51} & C_{52} & C_{53} & C_{54} & C_{55} & C_{56} \\ C_{61} & C_{62} & C_{63} & C_{64} & C_{65} & C_{66} \end{bmatrix} \begin{bmatrix} \varepsilon_1 \\ \varepsilon_2 \\ \varepsilon_3 \\ \varepsilon_4 \\ \varepsilon_5 \\ \varepsilon_6 \end{bmatrix} \tag{2-50}$$

对于各向异性介质，广义弹性张量有 21 个独立的弹性常数。对于立方晶系，独立弹性常数有 3 个（C_{11}、C_{12}和 C_{44}）。对于四角晶系，有 6 个独立弹性常数（C_{11}、C_{33}、C_{44}、C_{66}、C_{12}和 C_{13}）。对于六角晶系，有 5 个独立弹性常数（C_{11}、C_{33}、C_{44}、C_{12}和 C_{13}）。对于正交晶系，独立弹性常数有 9 个（C_{11}、C_{22}、C_{33}、C_{44}、C_{55}、C_{66}、C_{12}、C_{13}和 C_{23}）。

我们可以通过弹性常数来计算弹性模量，包括块体模量 B、剪切模量 G 及杨氏模量 E。在弹性模量的计算过程中涉及两种理论：Reuss 理论和 Voigt 理论[1]。通常我们用 R 和 V 作为弹性模量的下标来分别表示两种理论下的计算数值。

Voigt 理论中，块体模量和剪切模量满足下列关系：

$$9B_V = (C_{11} + C_{22} + C_{33}) + 2(C_{12} + C_{23} + C_{31}) \tag{2-51}$$

$$15G_V = (C_{11} + C_{22} + C_{33}) - (C_{12} + C_{23} + C_{31}) + 3(C_{44} + C_{55} + C_{66}) \tag{2-52}$$

Reuss 理论中，弹性模量是由弹性顺度系数得出的：

$$1/B_V = (s_{11} + s_{22} + s_{33}) + 2(s_{12} + s_{23} + s_{31}) \tag{2-53}$$

$$15/G_V = (s_{11} + s_{22} + s_{33}) - (s_{12} + s_{23} + s_{31}) + 3(s_{44} + s_{55} + s_{66}) \tag{2-54}$$

下面以体心或面心立方结构为例：

$$C_{11} = C_{22} = C_{33},\ C_{12} = C_{23} = C_{31},\ C_{44} = C_{55} = C_{66} \tag{2-55}$$

$$B_R = B_V = \frac{1}{3}(C_{11} + 2C_{12}) \tag{2-56}$$

$$5G_V = (C_{11} - C_{12}) + 4C_{44} \tag{2-57}$$

$$5/G_R = 4(s_{11} - s_{12}) + 3s_{44} \tag{2-58}$$

为了计算更准确，通常采用 Hill 平均来描述晶体的弹性性质，即所求的弹性模量为两种理论计算所得的算术平均值。

$$B = \frac{1}{2}(B_R + B_V),\ G = \frac{1}{2}(G_R + G_V) \tag{2-59}$$

下式为杨氏模量 E 和泊松比 ν 的计算公式：

$$E = \frac{9BG}{3B + G},\ \nu = \frac{3B - 2G}{2(3B + G)} \tag{2-60}$$

2.5　计算程序简要介绍

使用计算机软件模拟和预测材料的性能已经成为材料科学中的前沿热点。目前，针对第一性原理计算编写的软件包主要有：

Materials Studio（MS）是一个模块化的软件环境，可以对材料进行模拟和建模。它有多种模块，提供不同的方法进行模拟计算和预测材料的性质。我们可以单独使用 Materials Visualizer 软件包来运行，也可以选择搭建在 Materials Visualizer 软件包上的适合模块来模拟计算。在我们的研究中，主要用到其中的 CASTEP 模块。CASTEP 模块最先是由英国剑桥大学的凝聚态物理小组研发，是适用于固体材料的第一性原理平面波赝势软件，可以预测材料的许多基本物理性质，具有很高的精度。利用 CASTEP 软件可以计算具有周期性微观结构的晶体，如果晶体是非周期性结构时，要选择该晶体的特定部分看作周期性结构才能进行模拟计算。计算时，首先建立晶胞，然后对晶胞进行几何优化，最后计算材料的性质。

VASP 是基于 CASTEP 模块开发的，此软件包是使用赝势平面波的方法进行模拟计算的。能够对晶体材料的结构参数、状态方程、光学性质、力学性质、磁学性质、电子结构和晶格动力学性质等等进行计算。它最大的特点是：采用了 PAW 或超软赝势，减少了平面波数目，缩短计算时间，适合大体系的计算；在 Kohn-Sham 方程自洽求解过程中，采用了非常有效的方案（RMM-DISS 和 Davidson）。

WIEN2K 采用全电子势的方法，利用 MT 球的方法划分电子势。相比于其他软件计算更精确，但相对耗时较长。使用 WIEN2K 软件包可以更为精确地计算电子结构、化学键等性质。当体系不大时，优先选择 WIEN2K。

参 考 文 献

[1] 谢希德，陆栋．固体能带理论［M］．上海：复旦大学出版社，1998.

[2] 冯端，金国钧．凝聚态物理学 [M]. 北京：高等教育出版社，2003.
[3] 李正中．固体物理 [M]. 北京：高等教育出版社，2002.
[4] Born M, Oppenheimer R. Zur quantentheorie der molekeln [J]. Ann. Phys., 1927, 389 (20): 457~484.
[5] Hohenberg P, Kohn W. Inhomogeneous electron gas [J]. Phys. Rev., 1964, 136 (3B): 864~871.
[6] Perdew J P, Chevary J A, Vosko S H, et al. Atoms, molecules, solids, and surfaces: Applications of the generalized gradient approximation for exchange and correlation [J]. Phys. Rev. B, 1992, 46 (11): 6671~6687.
[7] Perdew J P, Burke K, Ernzerhof M. Generalized gradient approximation made simple [J]. Phys. Rev. Lett., 1996, 77 (18): 3865~3868.
[8] Hammer B, Hansen L, Norskov J. Improved adsorption energetics within density-functional theory using revised Perdew-Burke-Ernzerhof functionals [J]. Phys. Rev. B, 1999, 59 (11): 7413~7421.
[9] Bloch F. Quantum mechanics of electrons in crystal lattices [J]. Z. Phys., 1928, 52 (1): 555~600.
[10] Ihm J, Zunger A, Cohen M L. Momentum-space formalism for the total energy of Solids [J]. J. Phys. C: Solid State Phys., 1979, 12 (21): 4409~4422.
[11] Anderson O K. Linear methods in band theory [J]. Phys. Rev. B, 1975, 12 (8): 3060~3083.
[12] Vanderbilt D. Soft self-consistent pseudopotentials in a generalized eigenvalue formalism [J]. Phys. Rev. B, 1990, 41 (11): 7892~7895.

3 Materials Studio 简介

3.1 Materials Studio 与 CASTEP[1]

下面介绍利用 CASTEP 分析固体材料结构性质、能带结构、电荷密度和弹性性质的方法。

3.1.1 新建工程

双击打开 Materials Studio 软件，会弹出 Welcome to Materials Studio 对话框，可以看到两个单选项，选择是要创建一个新 project，或者是打开一个已创建完成的 project。如果是首次使用，选择创建新 project。如果选择创建新 project，会提示输入 project 的名称。我们现在以半导体硅为例，以 Si 为名称，如图 3-1 和图 3-2 所示。

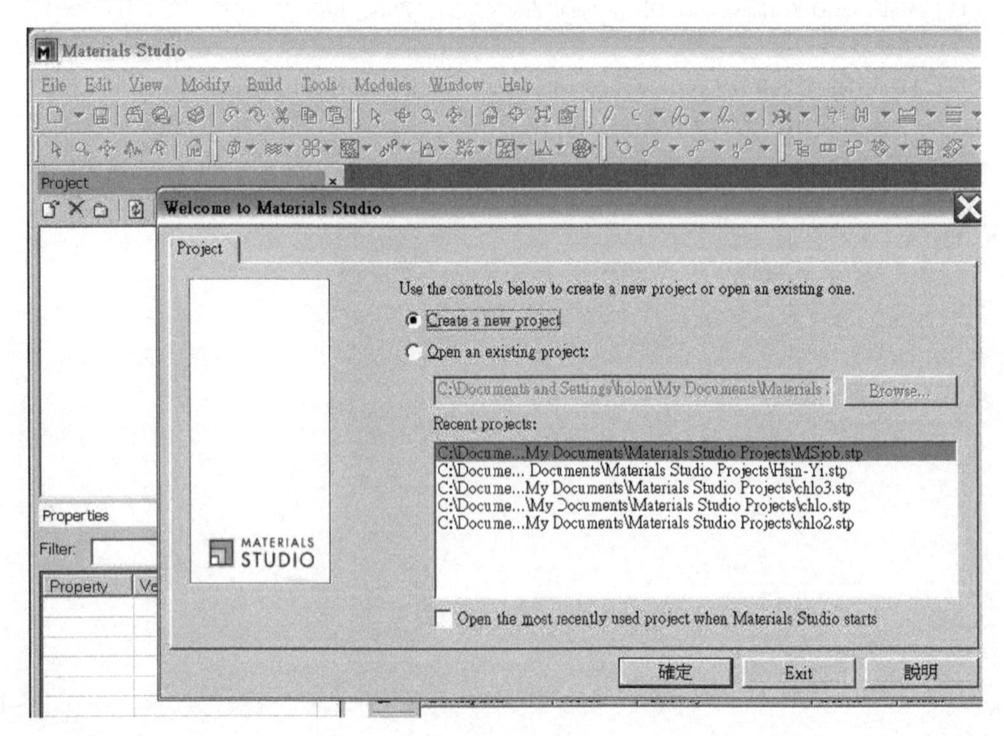

图 3-1 Welcome to Materials Studio 对话框

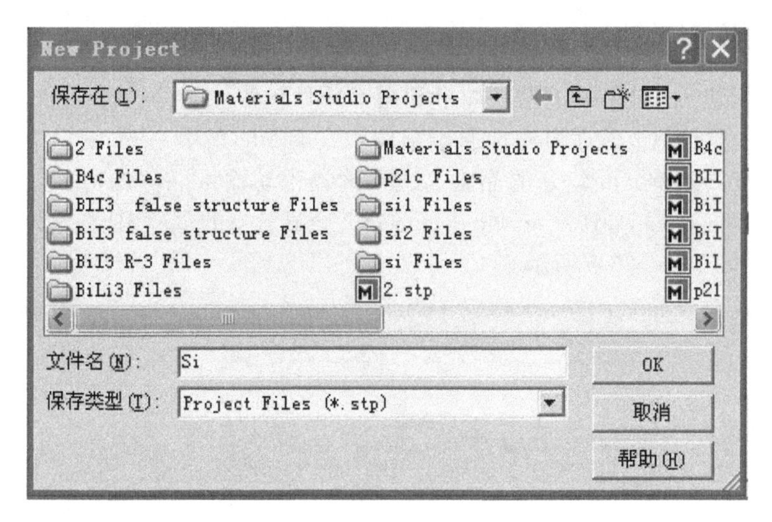

图 3-2 New Project 对话框

下面先介绍几个重要窗口。需要查看的文件可以分为三类：（1）进行计算的工作——包括已经计算完成的工作和正在计算的工作；（2）计算产生的各种输入、输出文件；（3）晶胞 3D 模型和材料的各种物性资料等。选择菜单栏中"Veiw"→"Explorers"，在子菜单中可以选择 Job Explorer、Project Explorer 和 Properties Explorer 三个命令，如图 3-3 所示。

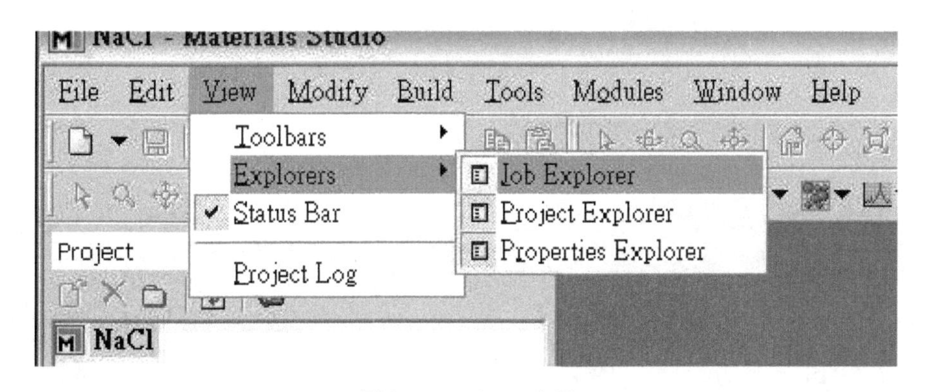

图 3-3 Explorer 选项

Job Explorer 显示运行的工作（job），近端和远程的状态都可以显示。

Project Explorer 默认值是开着的，project 的相关对象，如文字输出、3D 结构等，job 相关的目录、文件等。

Property Explorer，只要是 3D 模型对象呈现的状况，可以直接在 property explorer 上显现出各种可以看得见的特性，还有可更改的选项。

3.1.2　创建晶体结构

（1）新建3D对象的模型。如果利用CASTEP软件包分析计算晶体的性质，首先需要创建晶胞，然后再添加原子结构。点击File菜单→Import，进入系统自带的结构库，选择已经建好的晶胞；也可选择手动输入晶体结构，先点击菜单File→New document→3D Atomistic document，会显示空的创建3D模型对象的工作区间，如图3-4和图3-5所示。

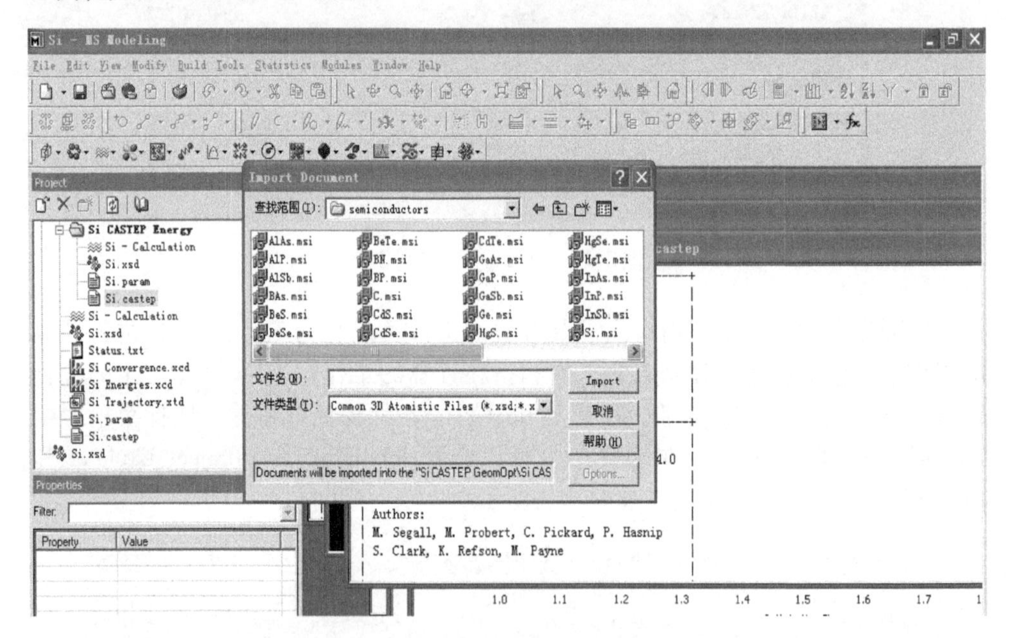

图3-4　Import Document 对话框

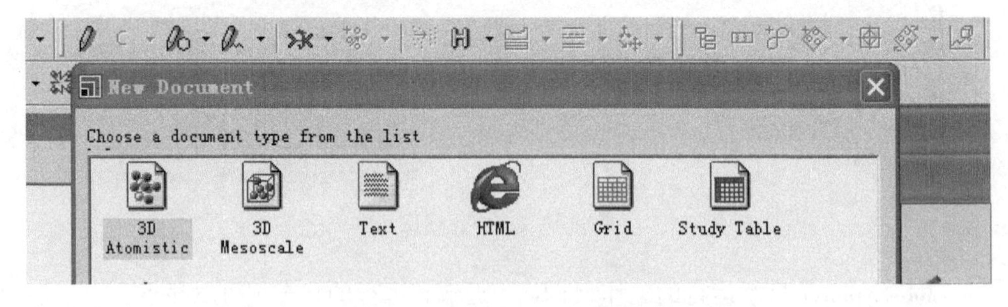

图3-5　New Document 对话框

（2）输入晶体结构。根据icsd软件查询Si的晶体的参数。Si的space group-点群（空间群）是227，FD-3M结构，晶格参数 $a=b=c=0.54307\text{nm}$。先打开Build菜单→ Crystal→ Build Crystal，在Space group 选项卡中选择227的FD-3M

结构。在 Lattice parameters 选项卡中填写晶格常数，比如 *a*、*b*、*c* 的值以及三个角度。Option 选项卡里面基本上是预设就可以。Lattice option 里的 orientation standard 是指晶胞在绝对坐标中的方向。单击 Build 或者 Apply 就可以生成该结构的晶格模型了。如图 3-6 和图 3-7 所示。

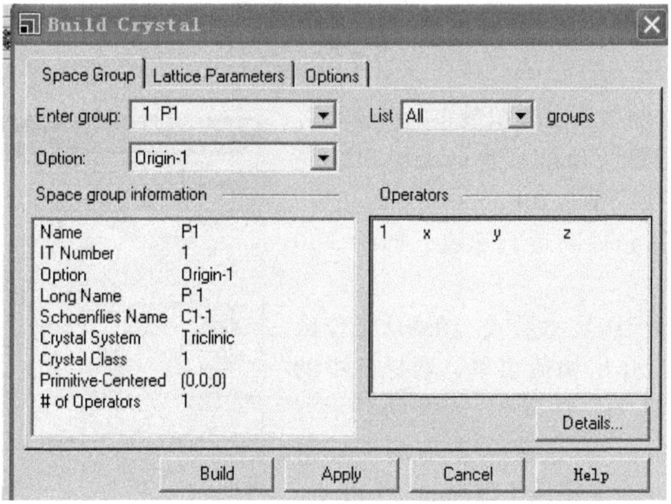

图 3-6 创建晶格模型的对话框

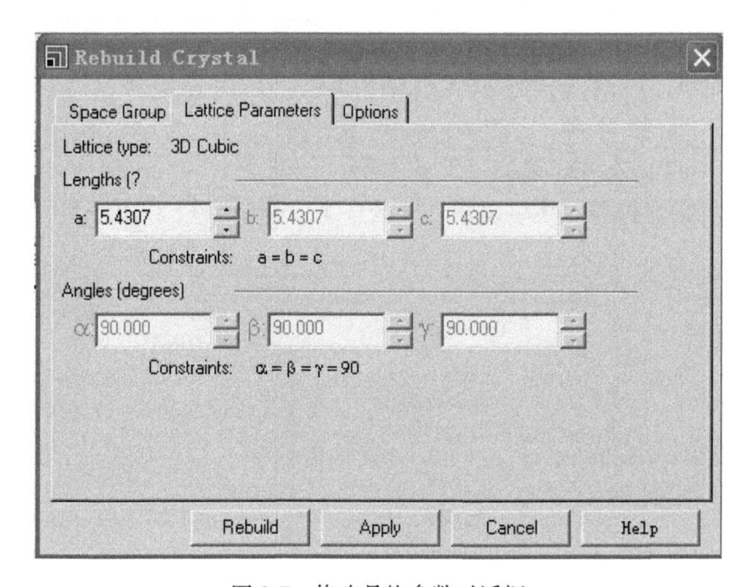

图 3-7 修改晶格参数对话框

（3）添加原子。在刚才 Si 的晶格模型中加入原子。单击图 3-8 工具栏上的+蓝色球，就可以添加原子，或者选择 Build 菜单→Add atoms。在 Atoms 选项的

Element 中选择原子 Si，*a*、*b*、*c* 用分数坐标，根据 icsd 查得都是 0，单击 Add 就添加了 Si 原子。添加原子的工具栏和 Add Atoms 对话框如图 3-8 和图 3-9 所示。

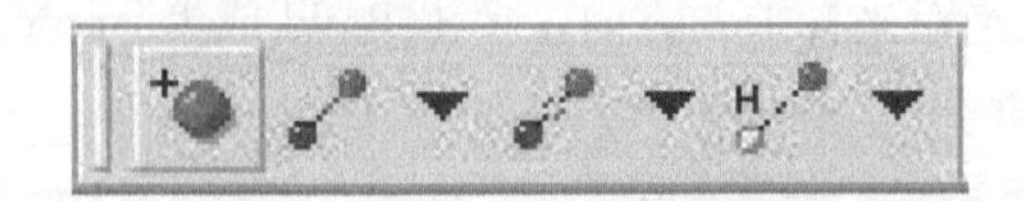

图 3-8　添加原子的工具栏

创建的晶胞并不是体积最小的晶体，可以通过点击菜单栏 Build→ Symmetry→ Primitive cell，转换成单胞（Primitive unit cell），这样进行计算会提高运行速度，如图 3-10 所示。

（4）更改 3D 显示形式。在 3D 工作区里点击右键，弹出快捷菜单，选择其中的 Display Style 选项，设置 3D 对象的显示方式。例如：在 Atom 选项卡里面的 Display Style 一栏，可以选择原子以 stick、ball and stick 形式显示，在 Lattice 选项中也有多种设置，如图 3-11 和图 3-12 所示。

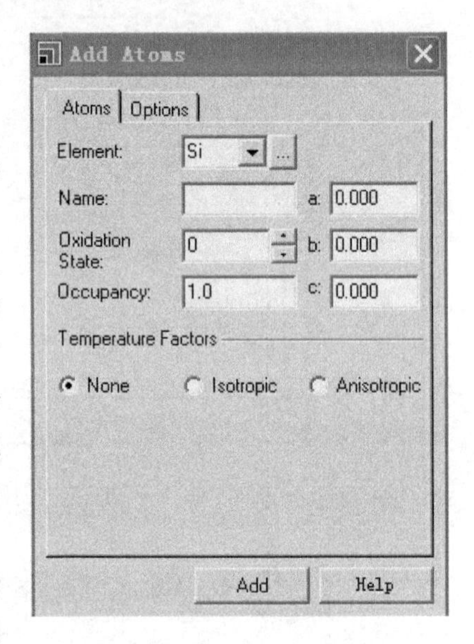

图 3-9　Add Atoms 对话框

（5）更改 LABEL。在 3D 工作区里点击右键选择 Label，可以选择显示多种标签。例如，某个或全部原子的化学符号（element symbol），还可以选择字形的大小，可以设置或者删除标签，还可以输入一些文字。如图 3-13 和图 3-14 所示。

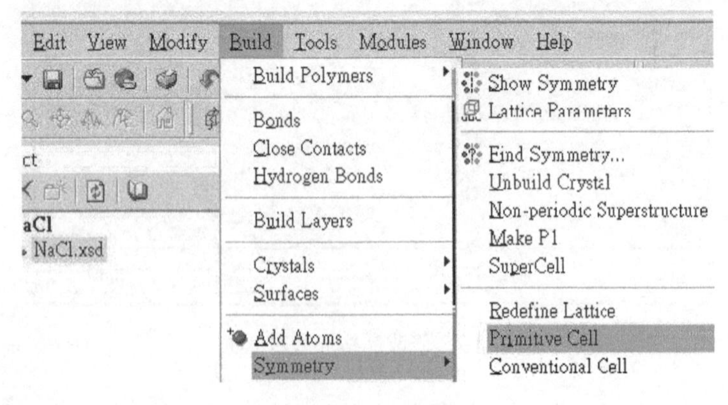

图 3-10　创建晶胞

Cut Ctrl+X
Copy Ctrl+C
Paste Ctrl+V
Delete
Select Symmetry System
Select Fragment
Display Style
Display Options
Lighting
Label
Lattice Parameters
A
B
X
Y
Z

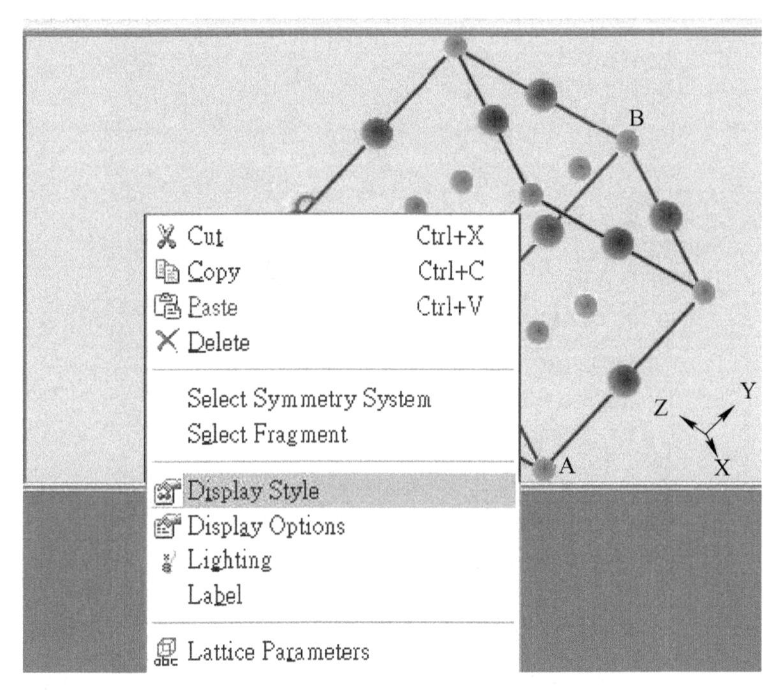

图 3-11 更改 3D 对象显示形式

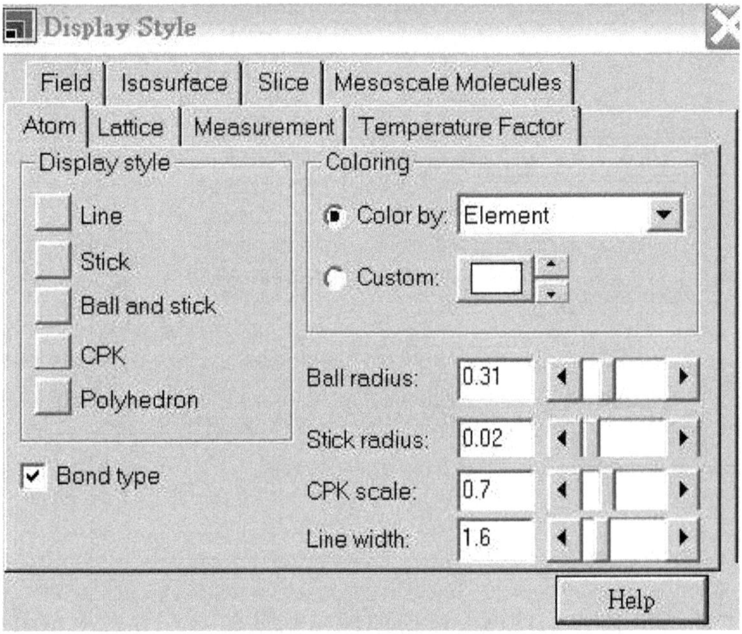

Display Style
Field
Isosurface
Slice
Mesoscale Molecules
Atom
Lattice
Measurement
Temperature Factor
Display style
Line
Stick
Ball and stick
CPK
Polyhedron
Bond type
Coloring
Color by: Element
Custom:
Ball radius: 0.31
Stick radius: 0.02
CPK scale: 0.7
Line width: 1.6
Help

图 3-12 Display Style 对话框

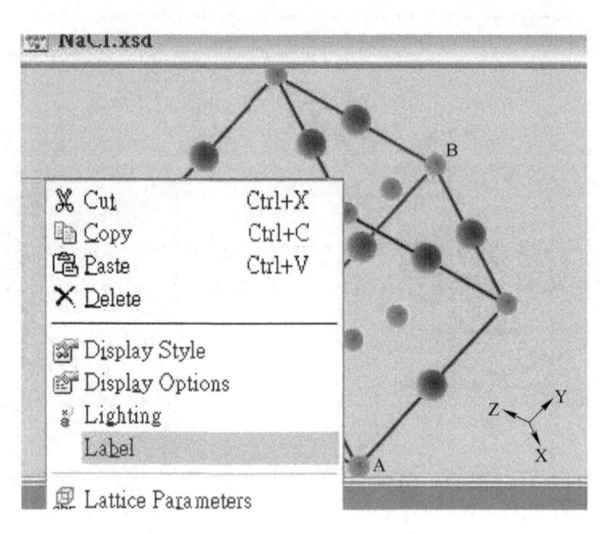

图 3-13　Label 快捷菜单

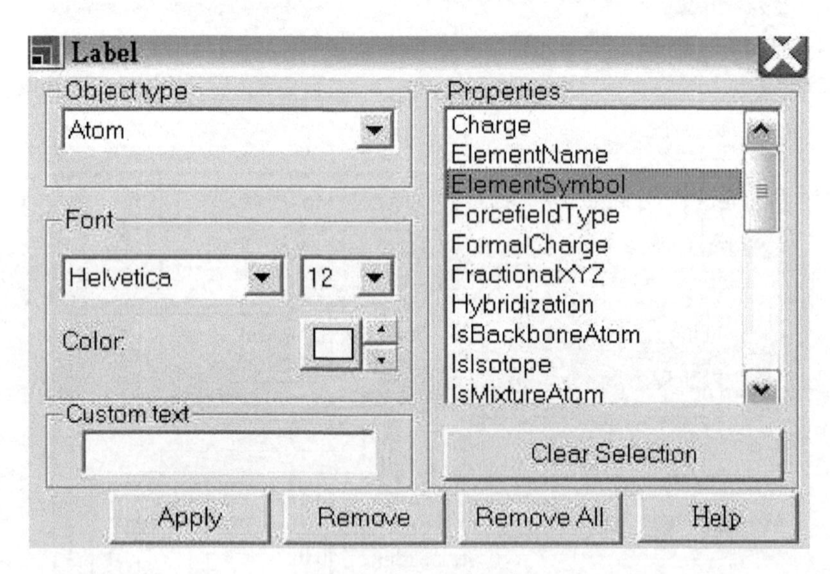

图 3-14　Label 对话框

3.1.3　CASTEP 计算

选择工具栏上代表 CASTEP 模块的波浪形的符号，或者在菜单栏中选择 Modules 菜单→Calculation→CASTEP Calculation，会弹出 CASTEP Calculation 对话

框，可以在其中设置参数计算材料的性质。如果在 Setup 选项卡中选择 Energy，可以计算能量，quality 选 fine，electronic 选单控制计算精确度，单击里面的 more 按钮弹出 Electronic option 对话框，有 basis、k-points、scf、potentials 等选项，可以设置来增加计算效能。在 scf 选单里勾选 fix occupancy。fix occupancy 只能用在绝缘体，可以节省绝缘体的计算时间，不然它会当作金属来算。CASTEP Calculation 对话框里面还有许多微细调控选项，可以在计算所需要的精确度和计算所花费的时间上综合考虑。如图 3-15～图 3-18 所示。

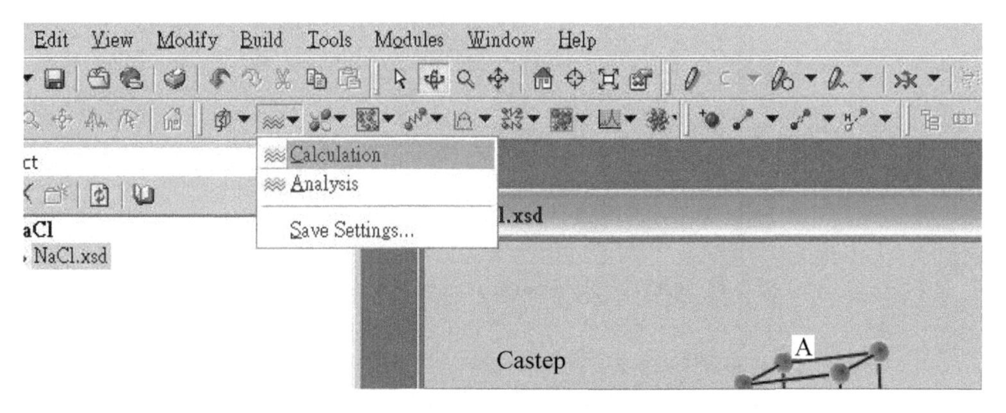

图 3-15　工具栏中 CASTEP 计算按钮

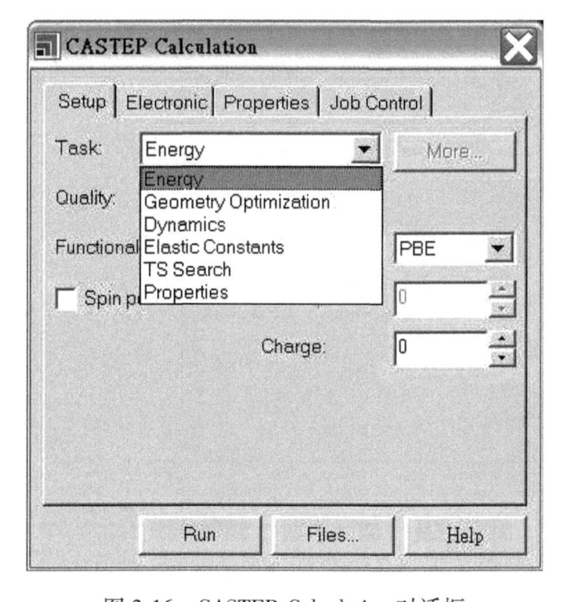

图 3-16　CASTEP Calculation 对话框

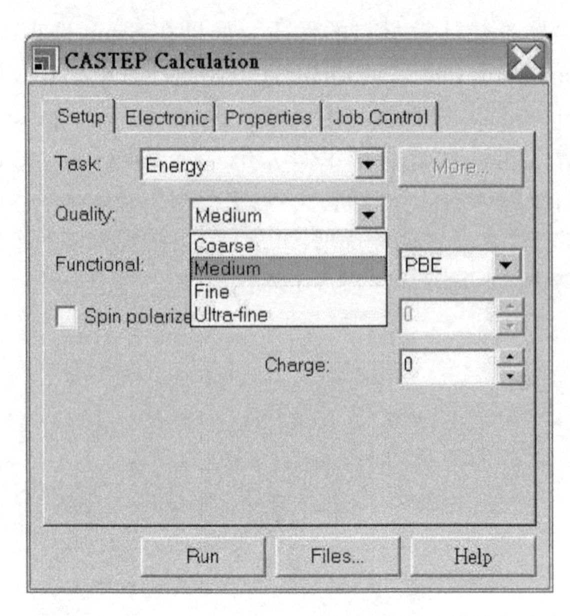

图 3-17　CASTEP Calculation 对话框中设置计算精确度

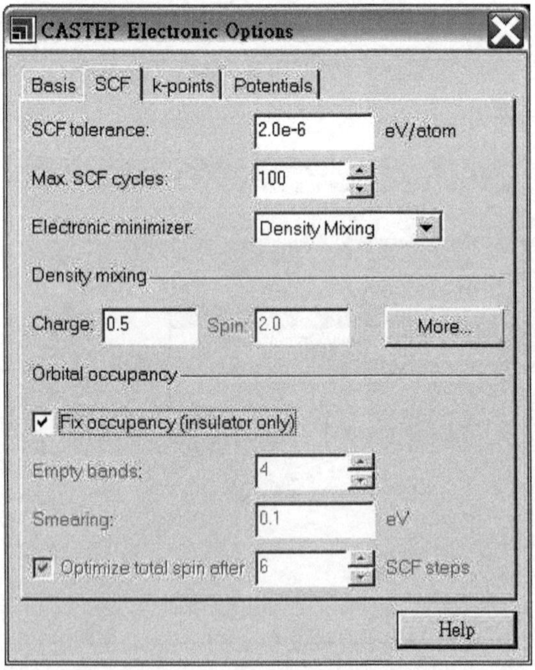

CASTEP Electronic Options
Basis　SCF　k-points　Potentials
SCF tolerance:　2.0e-6　eV/atom
Max. SCF cycles:　100
Electronic minimizer:　Density Mixing
Density mixing
Charge:　0.5　Spin:　2.0　More...
Orbital occupancy
Fix occupancy (insulator only)
Empty bands:　4
Smearing:　0.1　eV
Optimize total spin after　6　SCF steps
Help

图 3-18　CASTEP Electronic Options 对话框

选择 CASTEP Calculation 对话框里面的 Setup 选项，可以对选项卡上的功能进行设置，在 task 中选择 Energy，然后可以在 Properties 选项卡里进一步选择要附加计算态密度、能带结构、density of state、光学性质等，如图 3-19 所示。

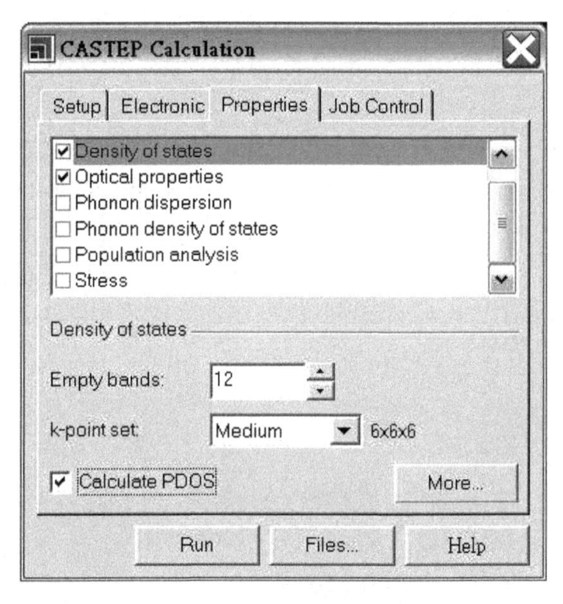

图 3-19 Properties 选项卡

需要注意：计算 Phonon dispersion 跟 Phonon density of states 相当耗时间，根据晶胞大小不同，PC 机有可能需要计算两三天甚至一两周以上。其他性质的计算都还比较快。

在 Job control 选项卡里，Gateway location 可以指定在哪一台计算机运行。选择 My computer 表示在本机运行，如图 3-20 所示。

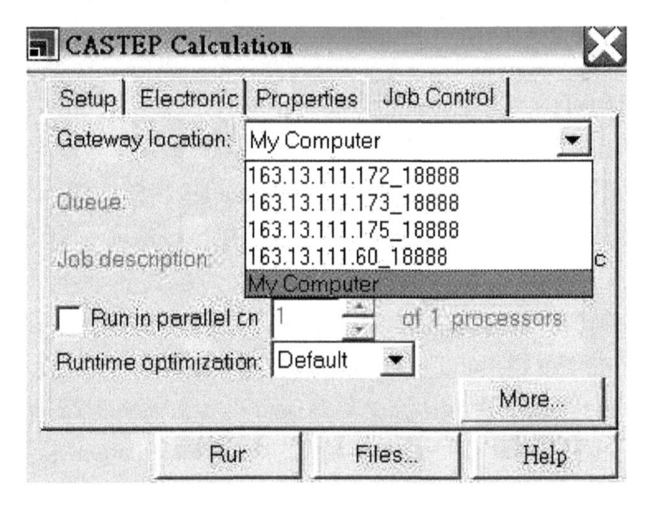

图 3-20 Job control 选项卡

为了以后方便管理，可以自己指定 Job description 的名称。取消 automatic 的勾选，取名称 Si，然后就可以按底下的 run 按钮，进行计算。如果是在远程的机器上运行，点击右下角的 More，勾选复选框里面的 retain server file。计算完成的时候文件会在 server 上留一份而不会被删除，但是这样会占用服务器的硬盘空间。

另外，点击 Run 按钮进行计算，提交任务后，关掉 Materials studio 的图形界面，程序还继续在远程或本机后台运行，可以安全的退出 materials studio 的图形界面。

如果 job explorer 工作区中的 status 是 running，表示正在进行计算。如果 status 显示 successful 了，说明运算 job 已经成功完成，如图 3-21 所示。

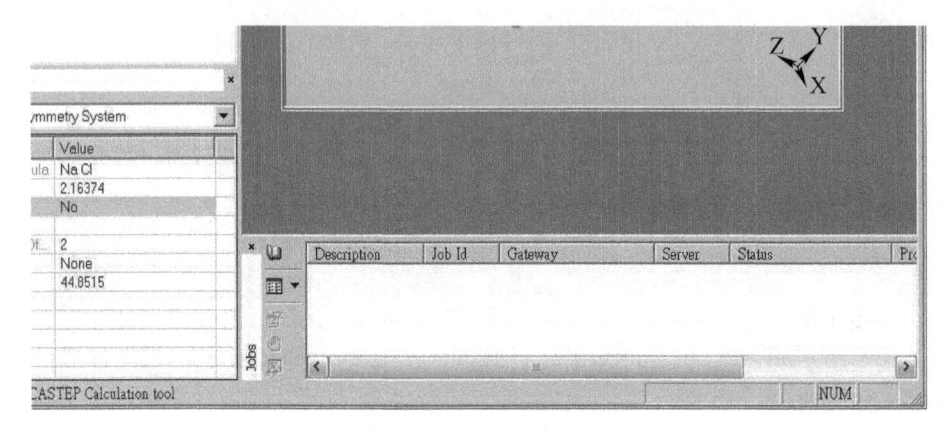

图 3-21　job explorer 界面

能带结构、态密度计算举例：

创建新的 Project 后，由于在同一个 Project 里，可能有许多不同结构、不同性质的计算，因此可以为每个不同的工作建立新文件夹。

创建一个 Project 名称为 Si，然后在 Project 浏览器中就能看到 Si 的图标，用鼠标左键点击一下此图标，再按上方黄色 New Folder 快捷按钮，就能建立新文件夹了。Project Explorer 工作区可以在菜单栏 View>Explorers 里开启。在菜单栏选择 File→Import，进入系统自带 structure 结构库，可以在 semiconductors 资料夹或其他资料夹里找到所需的晶体结构，如图 3-22 所示。

可以通过点击菜单栏 Build→ Symmetry→ Primitive Cell，把晶格转换成单胞（Primitive unit cell），这样进行计算会提高运行速度，如图 3-23 所示。转成 Primitive Cell 之后，单击工具栏中波浪线快捷按钮中的 Calculation 准备开始计算，如图 3-24 所示。

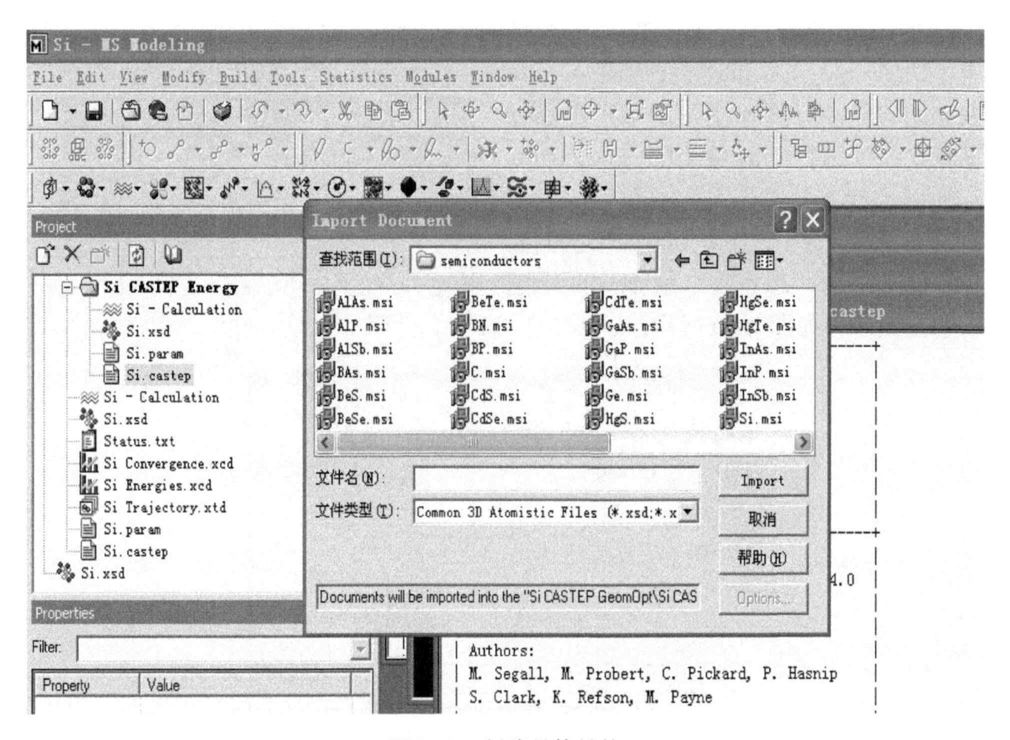

图 3-22　创建晶体结构

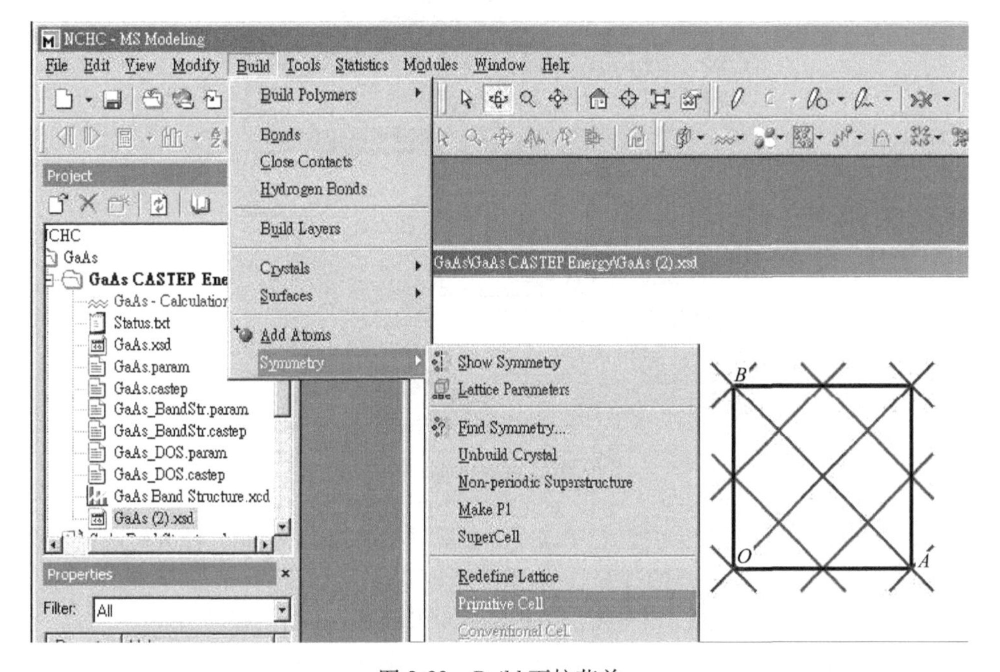

图 3-23　Build 下拉菜单

在 setup 选项卡里面，Task 下拉列表中选 Energy。Quality 选择 Medium，这么做能够提高计算速度，如果想提高计算精度，要选择 Fine 或 Ultra fine，如图 3-25 所示。

在 Properties 选项卡中，如果我们要计算能带结构、态密度，就把这两个选项勾选出来，如图 3-26 所示。

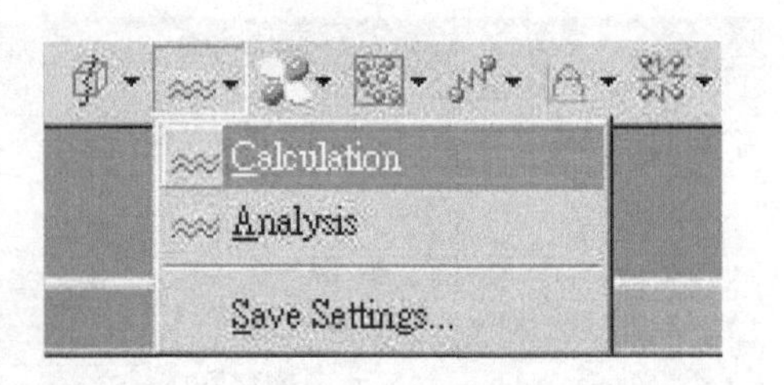

图 3-24　工具栏 Calculation 快捷按钮

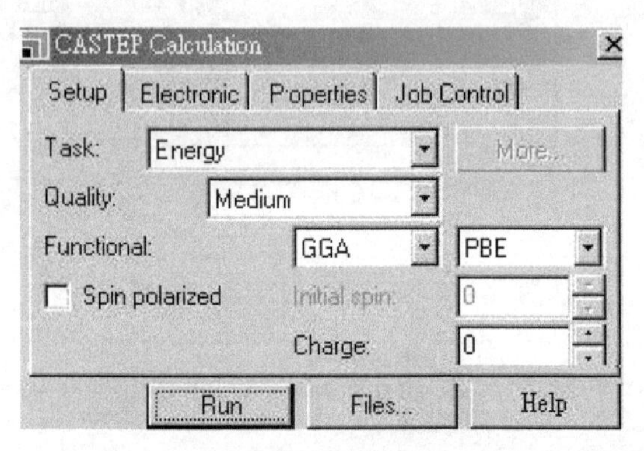

图 3-25　CASTEP Calculation 对话框

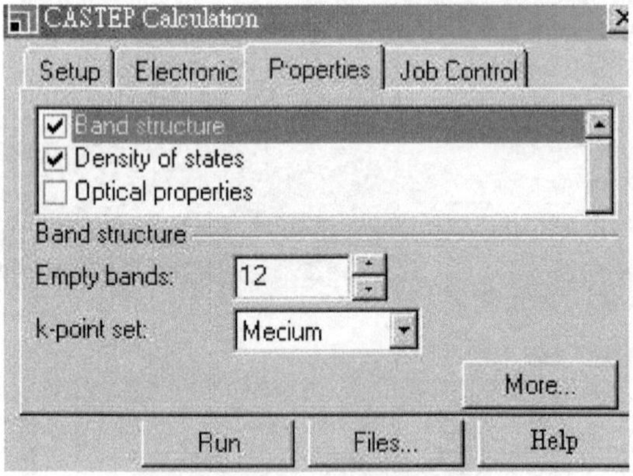

图 3-26　Properties 选项卡

如果还要计算投影态密度（PDOS），在选择 Density of States 后再勾选上 Calculate PDOS。点击 Run 开始计算，如图 3-27 所示。

计算完成后，点选工具栏中波浪快捷按钮里的 Analysis，开始分析。

要画能带结构图和态密度图，在 Analysis 中选 Band structure，在 DOS 选 Show DOS，要看投影态密度则选 Partial，点击 view，如图 3-28 和图 3-29 所示。

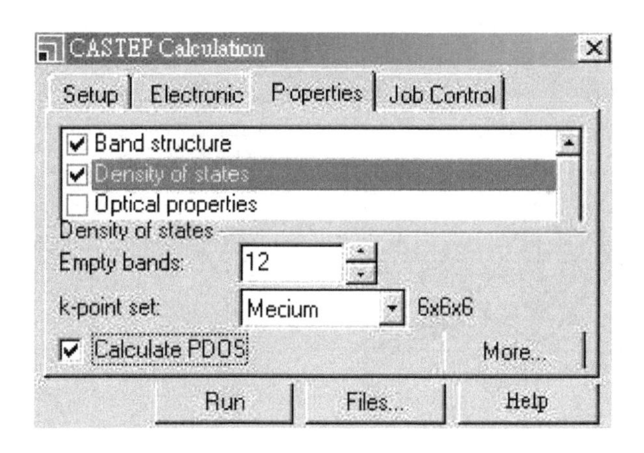

图 3-27 计算投影态密度（PDOS）

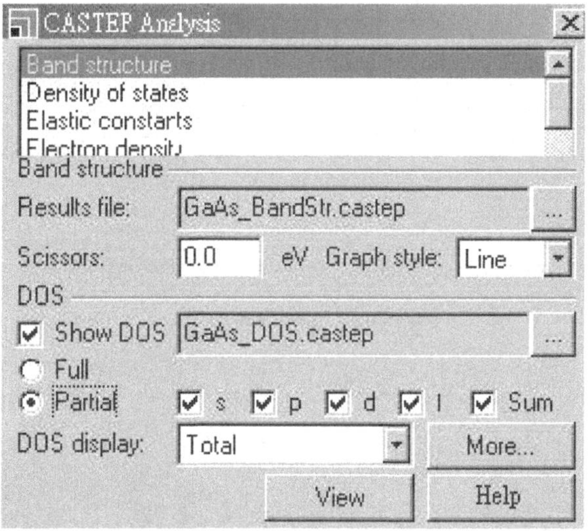

图 3-28 CASTEP Analysis 对话框

3.1.4 分析结果

CASTEP 计算成功完成之后，在工具栏 CASTEP 波浪形快捷图标中选择 Analysis，或者选择 Modules 菜单→Analysis，会弹出 CASTEP Analysis 对话框，目前 result files 选项是空的，因为没有选择到底要分析什么。打开刚刚所进行计算的 . castep 文件或 3d 空间结构 . xsd，然后再分析计算结果，如图 3-30 所示。

如果选择电子云密度（Electron density）进行分析，打开刚刚所进行计算的 3d 空间结构 . xsd，Result file 栏中便会找到 Si. xsd 文件。点击 import，把电荷密

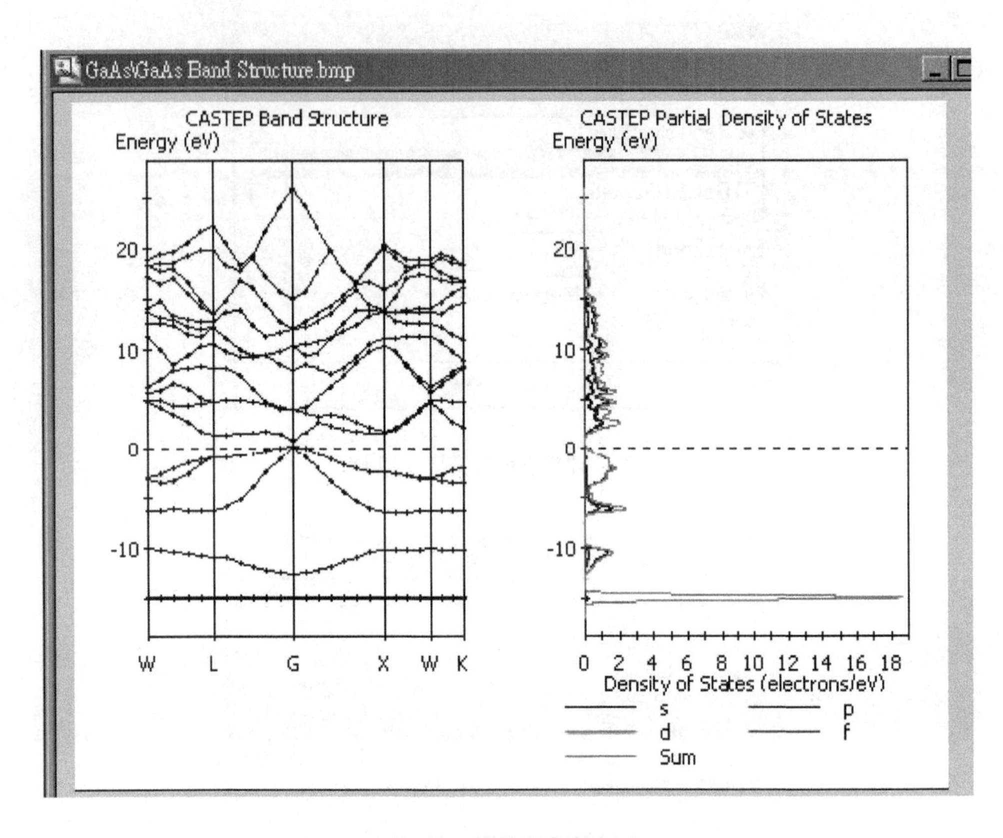

图 3-29　能带和态密度图

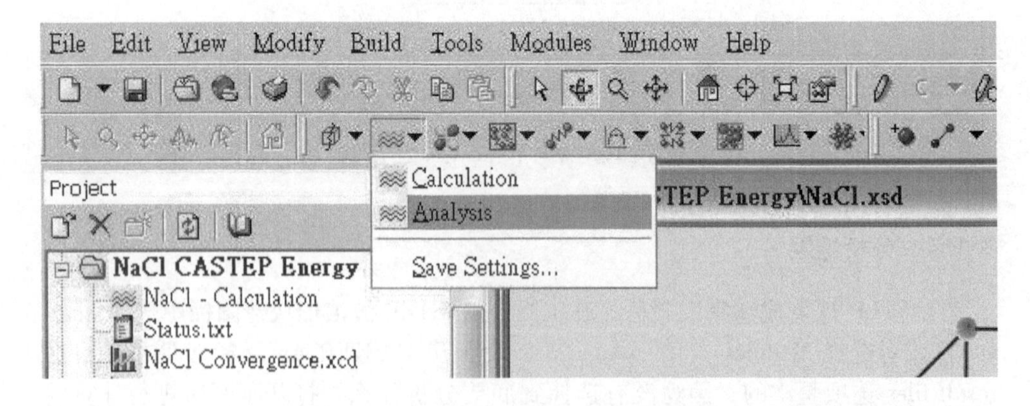

图 3-30　工具栏 CASTEP Analysis 快捷按钮

度直接叠在这个 Si.xsd 上观看。注意：必须要有一个 3d 对象窗口才能加载电子结构，如图 3-31 所示。

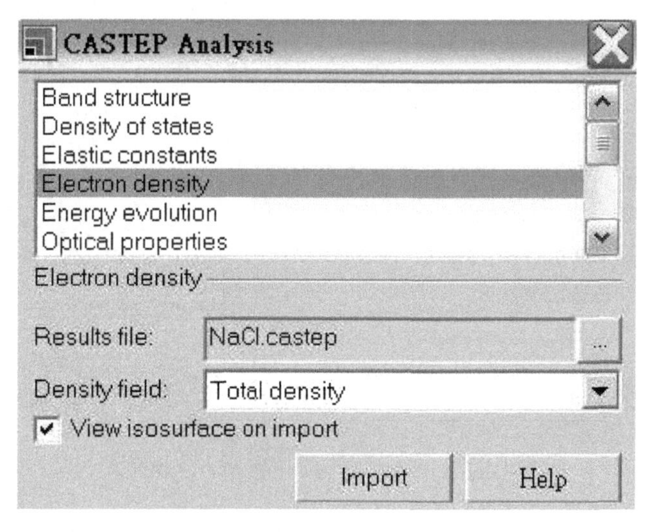

图 3-31 CASTEP Analysis 对话框

打开 .xsd 文件的基础上，点击 CASTEP Analysis 对话框中的 import 按钮，可以加载进来电子云密度。在工作区单击鼠标右键，在快捷菜单中选择 display style 命令，将会弹出 display style 对话框，里面有丰富的设置选项卡。通过这些选项可以设置不同方式显示电子云密度，如图 3-32 和图 3-33 所示。

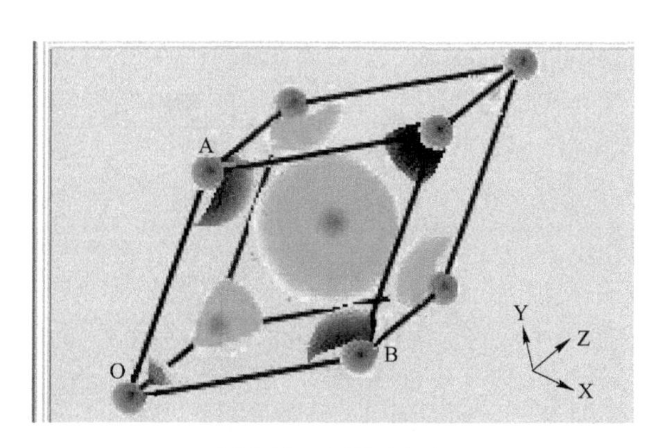

图 3-32 电子云密度

如果分析电荷密度的等高面，选择菜单栏中命令 Modules→analysis→electron density，在 CASTEP Analysis 对话框中勾选 view isosurface on import 复选框（默认是已经勾选的），也就是说分析的电荷密度会用 isosurface 来显示，这比较方便。

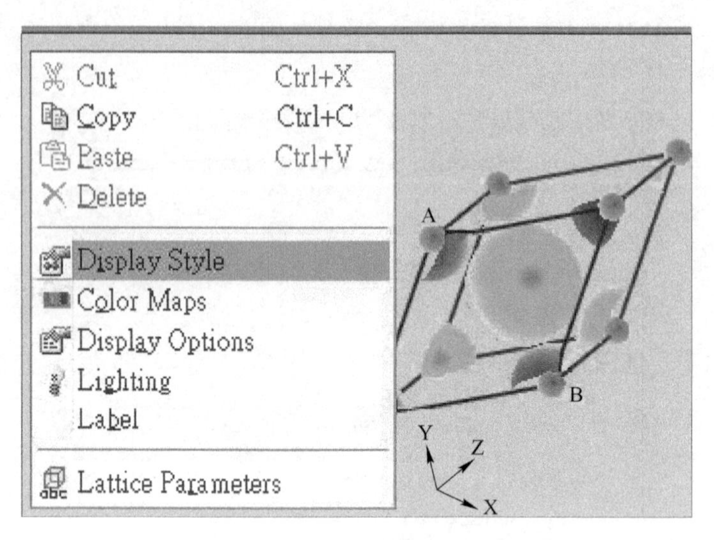

图 3-33　电子云密度不同显示方式设置

如果不想显示 isosurface，可以在工作区中空白处点击右键，快捷菜单中选择 display style，display style 对话框中选择 isosurface 选项卡，勾除 display style 部分的 visible，会变成 not visible isosurface，就会暂时看不见 isosurface，如图 3-34 所示。

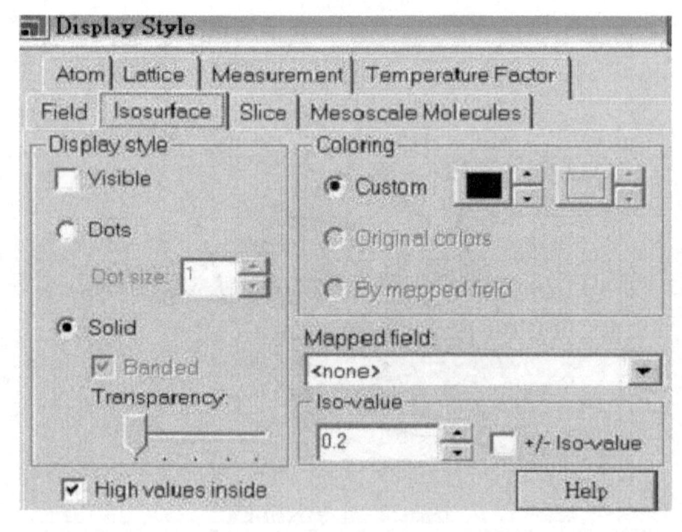

图 3-34　Display Style 对话框

3.2　计算实例[1~4]

我们以半导体 Si 做例子，介绍利用第一性原理计算 Si 的结构、力学和电子性质。

打开 MS 软件，创建新的 Project 文件后，点击菜单栏中 File 菜单→New →3D Atomistic document，会显示空的创建 3D 模型对象的工作区间，同时在窗口左端 project explorer 工作区生成 3D Atomistic. xsd 文件，我们可以双击文件名将其重命名为 Si. xsd，如图 3-35 所示。

图 3-35 工作区

选择 Build 菜单→Crystal→Build Crystal，在 Space group 选项卡中选择 227 的 FD-3M 结构。在 Lattice parameters 选项卡中填写晶格常数，然后点击 Apply 建立晶格，如图 3-36 和图 3-37 所示。

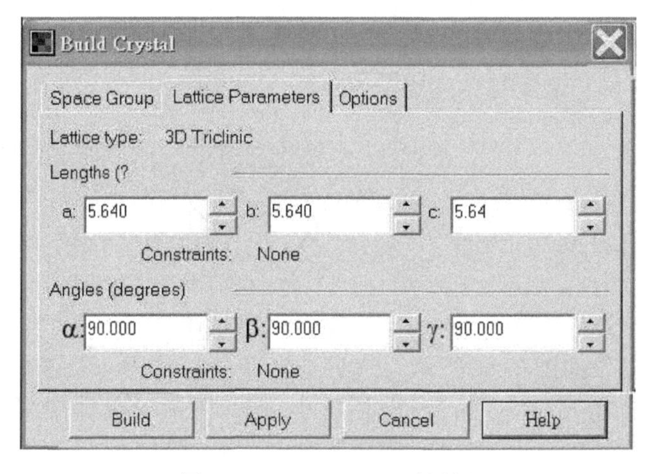

图 3-36 Build Crystal 对话框

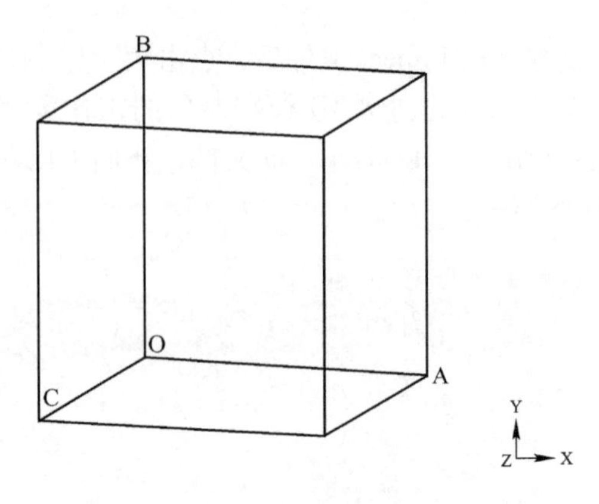

图 3-37　晶体的晶格

选择菜单栏中 Build 菜单→Atoms，或者选择工具栏中的 Add Atoms 快捷按钮，可以在晶格上添加原子。在 Add Atoms 对话框的 Options 选项卡中，设置 Coordinate system 为 Fractional，如图 3-38～图 3-40 所示。点击对话框下方 Add 按钮，3D 模型对象窗口中即创建出 Si 的晶胞，如图 3-41 所示。

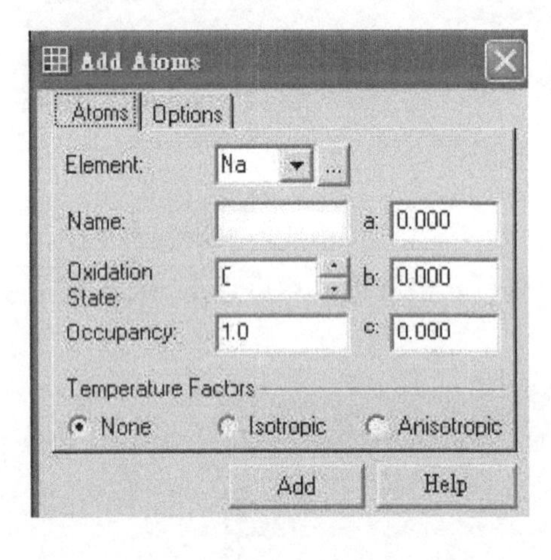

图 3-38　Add Atoms 对话框

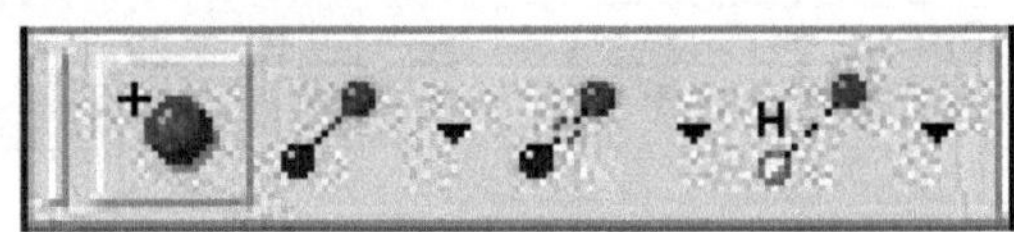

图 3-39　Atom&Bonds 工具栏

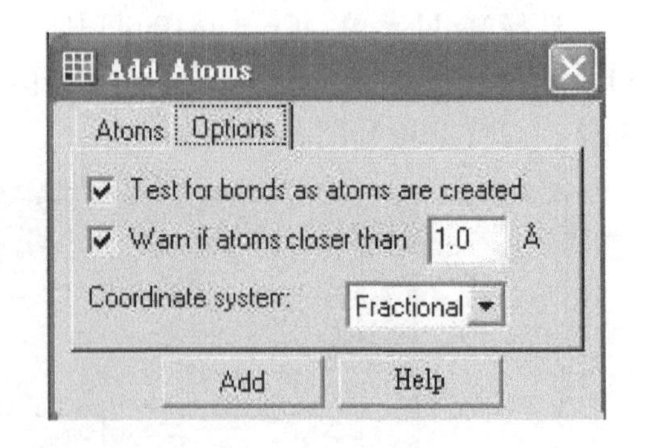

图 3-40　Opitions 选项卡

在左边的 Properties explorer 工作区窗口中，Filter 下拉菜单中选择 Symmetry System，如图 3-42 所示。然后选择菜单栏中 Build 菜单→Symmetry→Find Symmetry，在 Find Symmetry 对话框中可以查看 Si 晶体的对称性等性质，如图3-43 所示。

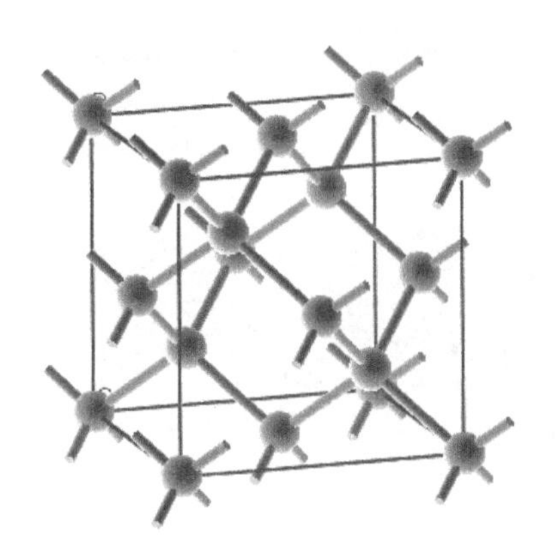

图 3-41　Si 的晶胞

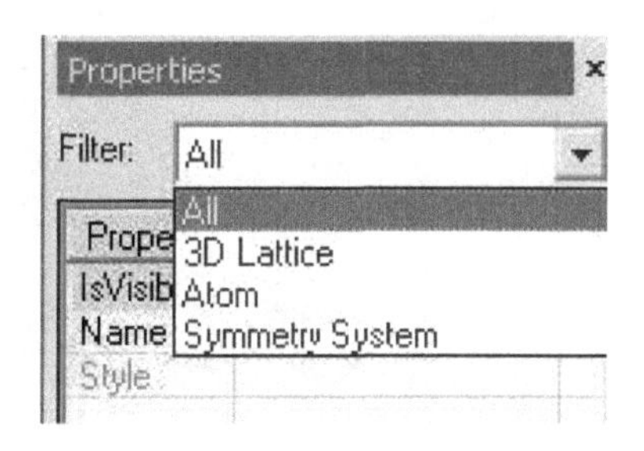

图 3-42　Properties explorer 工作区窗口

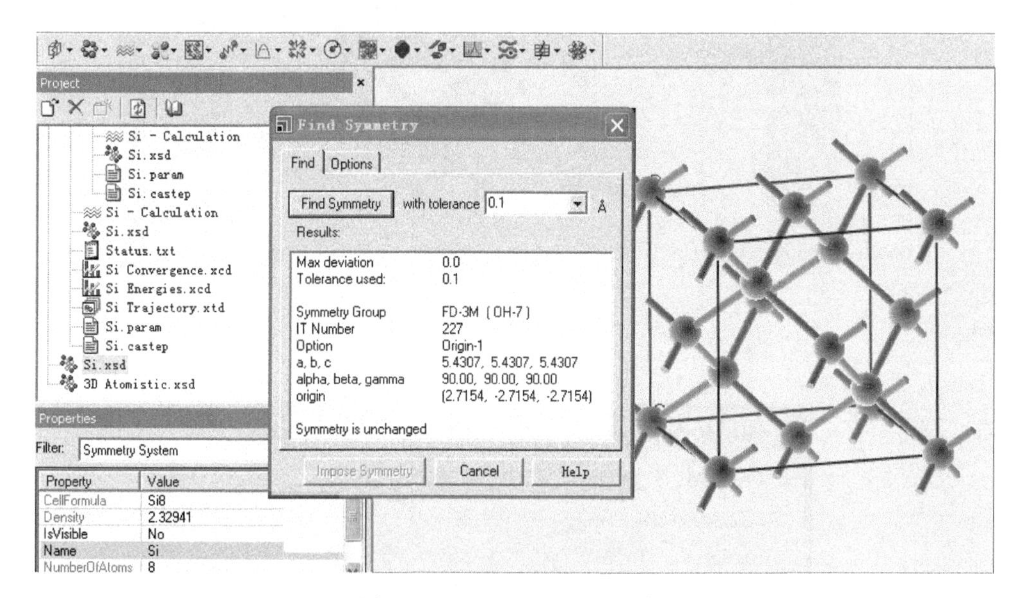

图 3-43　Find Symmetry 对话框

3.2.1　制作 Si 表面

制作 Si 表面，首先双击窗口左端 project explorer 工作区中的 Si.xsd 文件图标，显示出 Si 的晶胞，如图 3-41 所示。然后选择菜单栏中 Build 菜单→Surfaces→Cleave Surface，如图 3-44 所示。弹出 Cleave Surface 对话框，将 Surface Box 选项卡的 Cleave plane 改为（111），即所要设置的晶体表面方向。将 Depth 设置为 3.0，如图 3-45 所示，单击下方 Cleave 按钮，可以看到如图 3-46 中所示的图形。

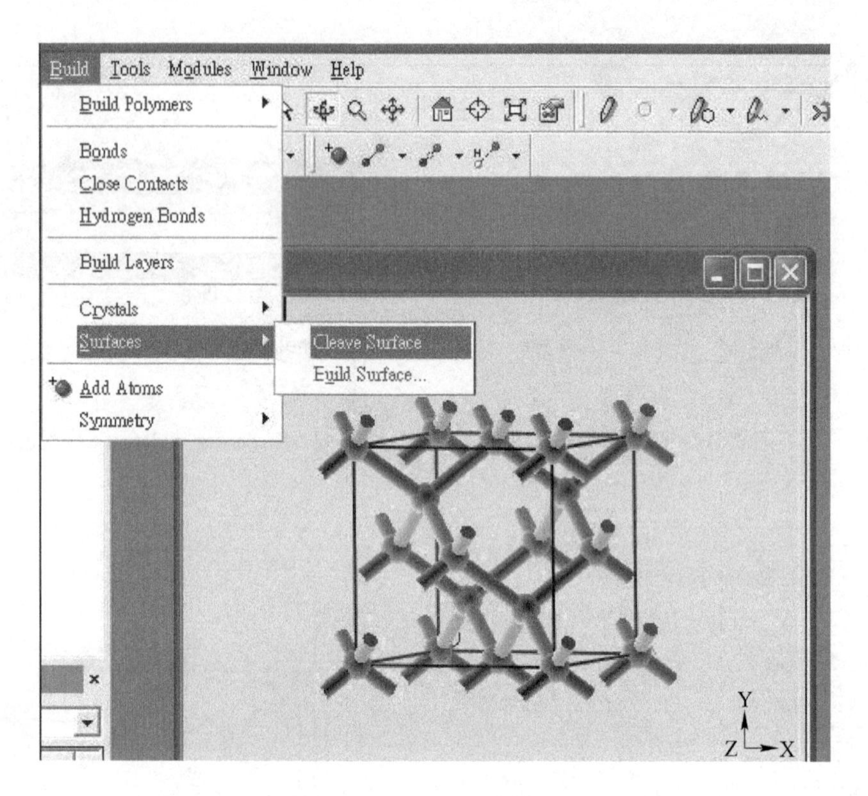

图 3-44　Surfaces 级联菜单

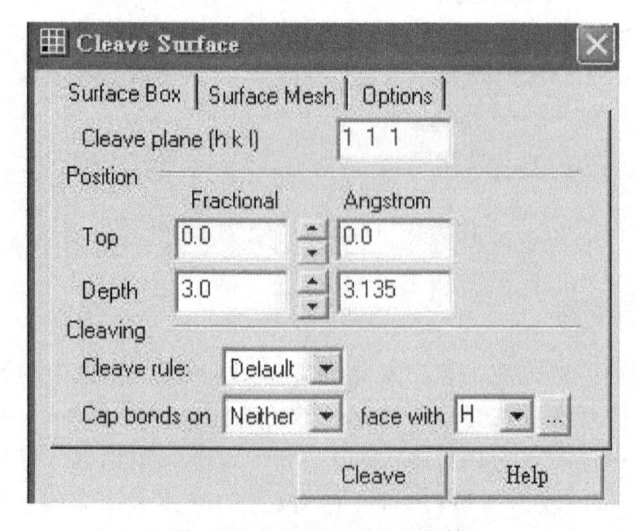

图 3-45　Cleave Surface 对话框

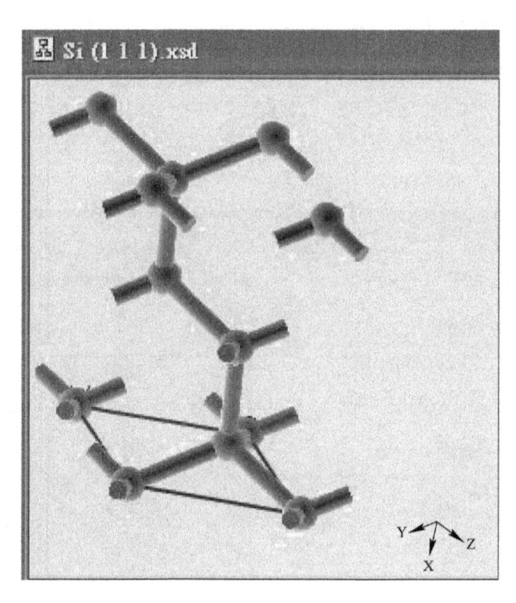

图 3-46 Si (111). xsd

然后，在菜单栏中选择 Build 菜单→Crystals→Build Vacuum Slab，在 Vacuum Sab 选项卡的 Vacuum thickness 中输入真空层长度值 12，如图 3-47 所示，再点击对话框下方 Build 按钮，可以看到图 3-48 所示的图形。

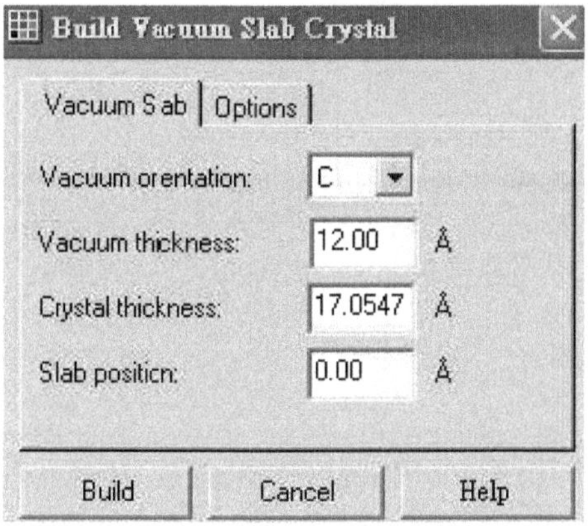

Build Vacuum Slab Crystal
Vacuum Sab | Options
Vacuum orentation: C
Vacuum thickness: 12.00 Å
Crystal thickness: 17.0547 Å
Slab positicn: 0.00 Å
Build | Cancel | Help

图 3-47 Build Vacuum Slab 对话框

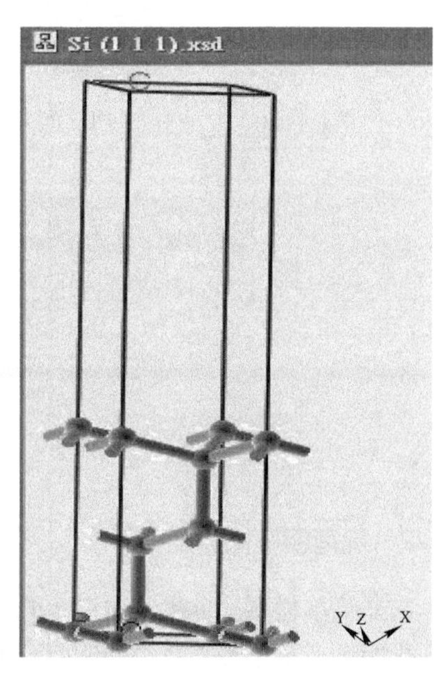

图 3-48 真空层长度为 12 的 Si (111). xsd

选择菜单栏中 Build 菜单→Symmetry→SuperCell，如图 3-49 所示。会弹出图 3-50 所示的 Supercell 对话框，在其中可以设置所需要的晶体表面大小，例如我们设置 3×3 的表面，厚度为 1 层，这样就可以做出一个 Si 的表面，如图 3-51 所示。

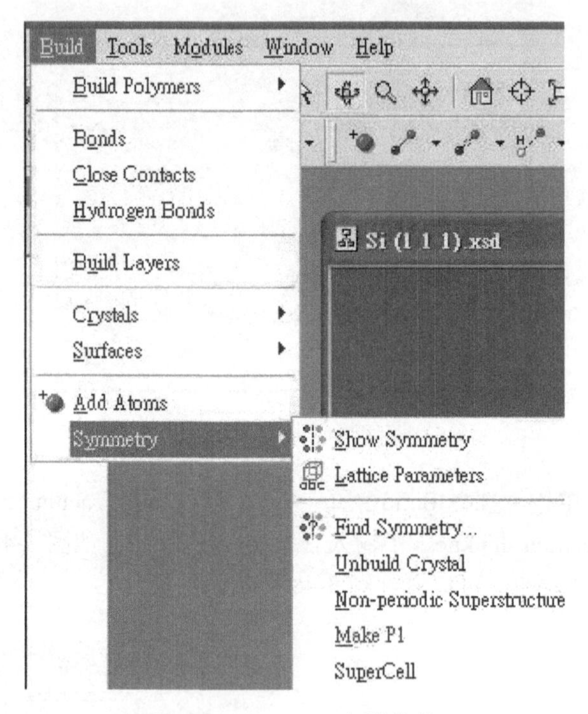

图 3-49　Symmetry 级联菜单

图 3-50　Supercell 对话框

3.2.2　电荷密度图

选择菜单栏 Modules 菜单→Calculation→Electron density difference，计算完成后，我们选择菜单栏中的 Modules 菜单→Analysis，在弹出的 CASTEP Analysis 对话框中选择 Electron density，可以分析电荷密度，如图 3-52 和图 3-53 所示。注意

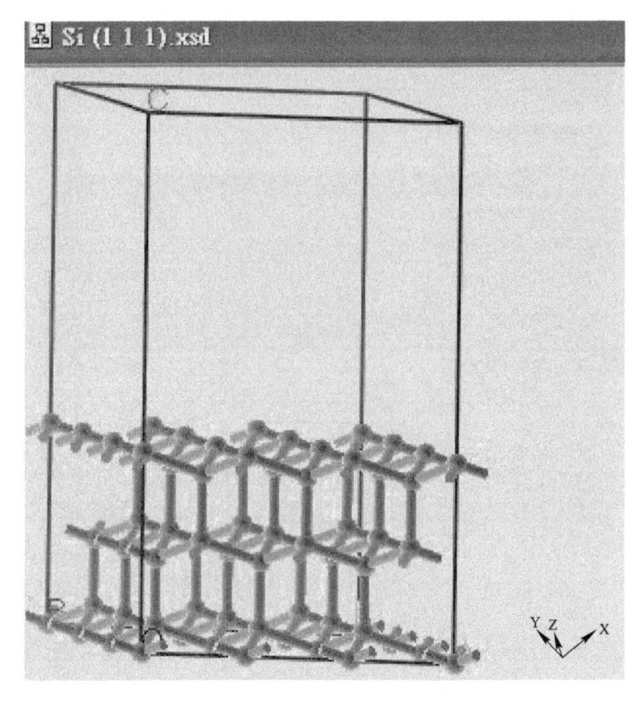

图 3-51 表面为 3×3，厚度为 1 层的超胞

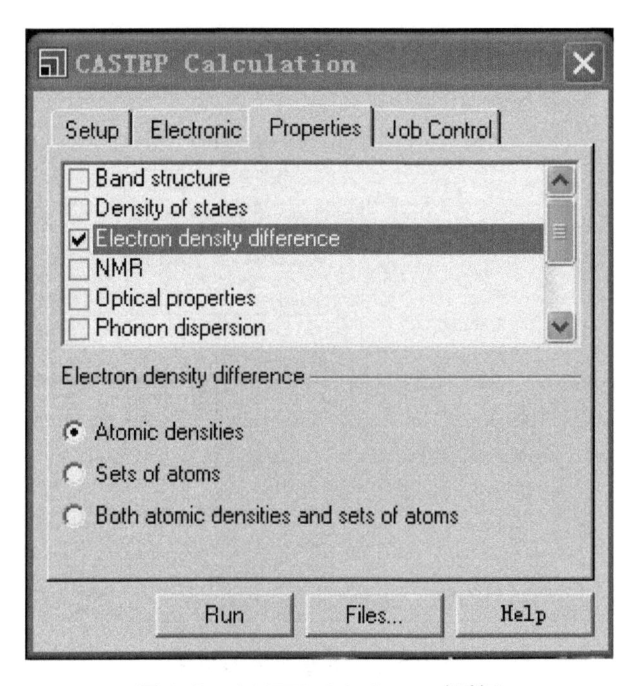

图 3-52 CASTEP Calculation 对话框

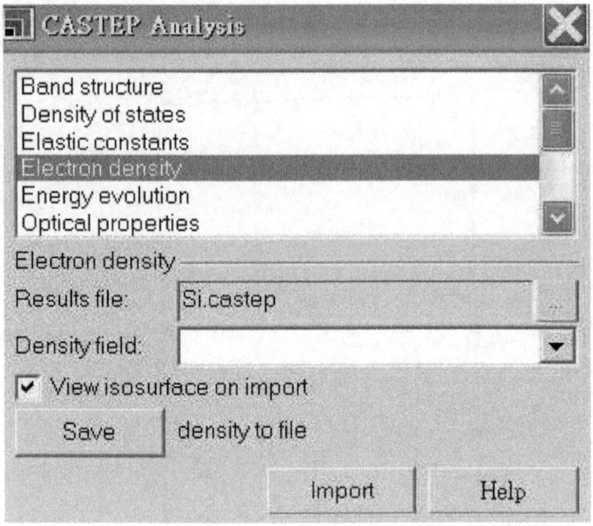

CASTEP Analysis

Band structure
Density of states
Elastic constants
Electron density
Energy evolution
Optical properties

Electron density
Results file: Si.castep
Density field:
View isosurface on import
Save density to file
Import　Help

图 3-53　CASTEP Analysis 对话框

Results file 一定是 Si. castep。然后在 3D 模型窗口的空白处单击鼠标右键，快捷菜单中选择 display style，在弹出的 display style 对话框中选择 isosurface 选项卡，在其中的 display style 栏设置显示方式为 Solid 方式或 Dots 方式，如图 3-54 所示。

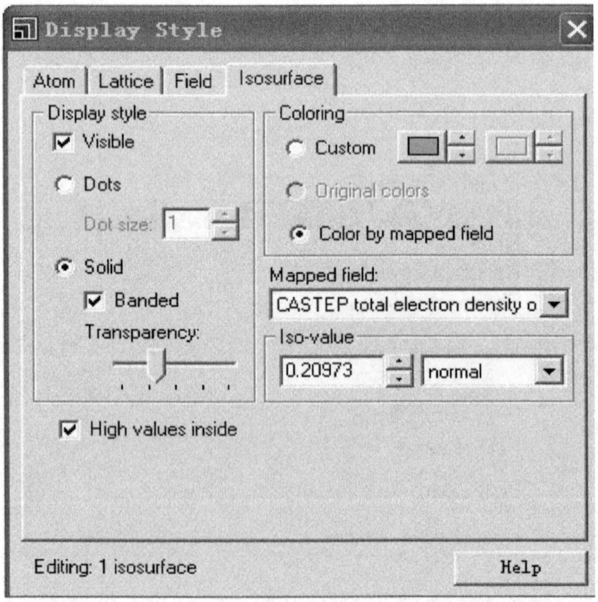

Display Style

Atom　Lattice　Field　Isosurface

Display style
Visible
Dots
Dot size: 1
Solid
Banded
Transparency:

Coloring
Custom
Original colors
Color by mapped field
Mapped field:
CASTEP total electron density o
Iso-value
0.20973　normal

High values inside

Editing: 1 isosurface　Help

图 3-54　Display Style 对话框

选择菜单栏中 View 菜单→Toolbars→Volume Visualization，显示出 Volume Visualization 工具栏，如图 3-55 所示。点击左数第一的 Volumetric Selection 这个快捷图标，便可把已加载的组件都显现出来。将其中 Isosurface 项目的勾选取消就可以让它隐藏不显示，如图 3-55 所示。若真想把 Isosurface 从 3D 模型中完全删除，则只要在 3D 模型窗口中将 Isosurface 显现出来，然后在画面中单击选取它，按下 Delete 键即可删除。

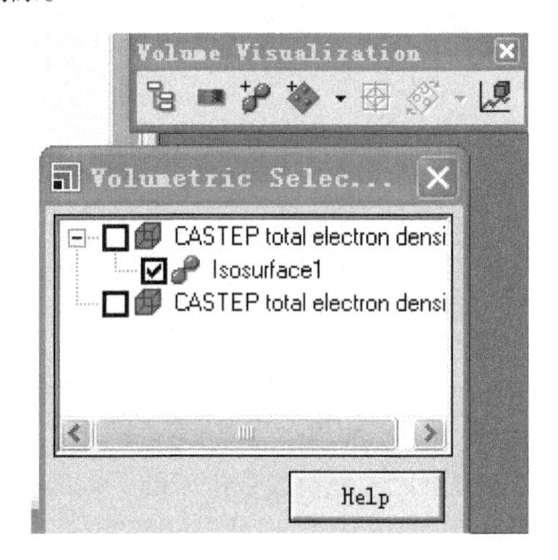

图 3-55 Volume Visualization 工具栏

在 Volumetric Selection 对话框中，也可选择勾选显示 CASTEP total electron density，可以将场显现出来——这是电子在空间中的分布，如图 3-56 和图 3-57 所示，而 Isosurface 显示的则是等位面。

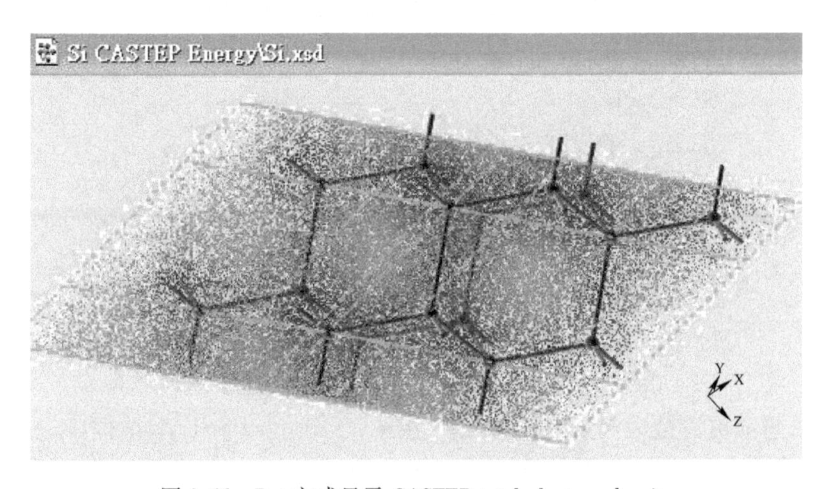

图 3-56 Dot 方式显示 CASTEP total electron density

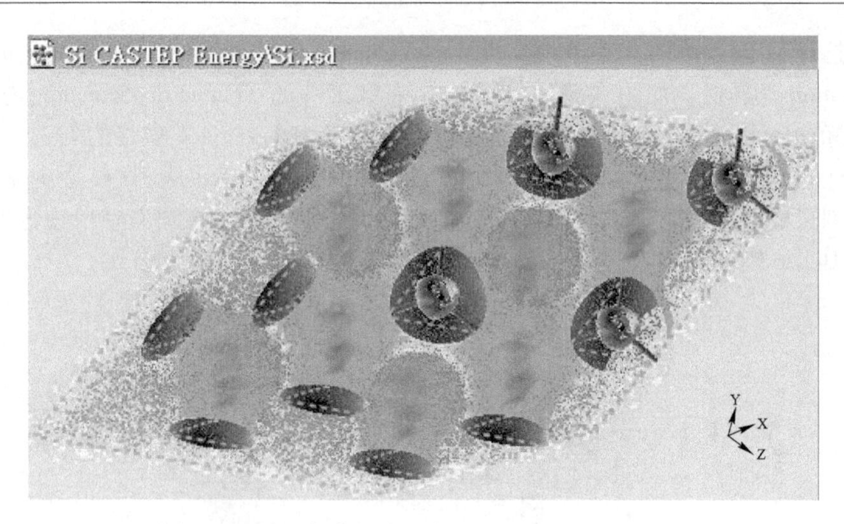

图 3-57　Solid 方式显示 CASTEP total electron density

如果在 CASTEP Analysis 对话框中选择 Potentials 进行分析，并且没有勾选对话框下方的 View isosurface on import 选项，按下 Import 按钮，如图 3-58 所示。打开 Volumetric Selection 对话框，可以显现新加载进来的 Potentials，勾选此选项可以看到等电位密度下的电位高低 Potential 图，如图 3-59 所示，从图中可以分析电子极性。

CASTEP Analysis
Phonon dispersion
Phonon density of states
Population analysis
Potentials
Structure
Thermodynamic properties
Potentials
Results file: Si.castep
Potential field:
View isosurface on import
Import　Help

图 3-58　CASTEP Analysis 对话框

如果想要更清楚地观察到 Potential，可以在 Display Style 对话框中进行设置。将 Field 选项卡中的 Show Box 选项的勾选取消，在 Display Style 区域选择设置用 Dots 或 Volume 形式显示，还可以根据要求设置精细度、透明度和颜色等，如图 3-60 所示。

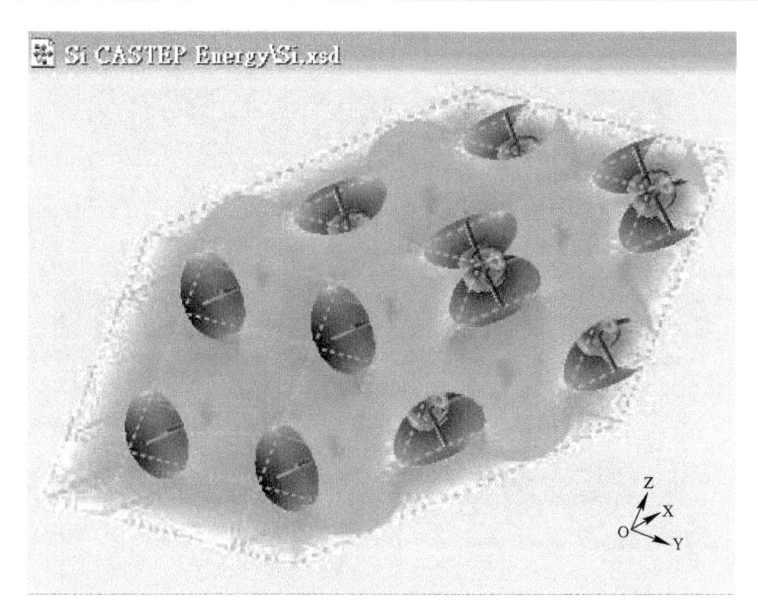

图 3-59 Potential 图

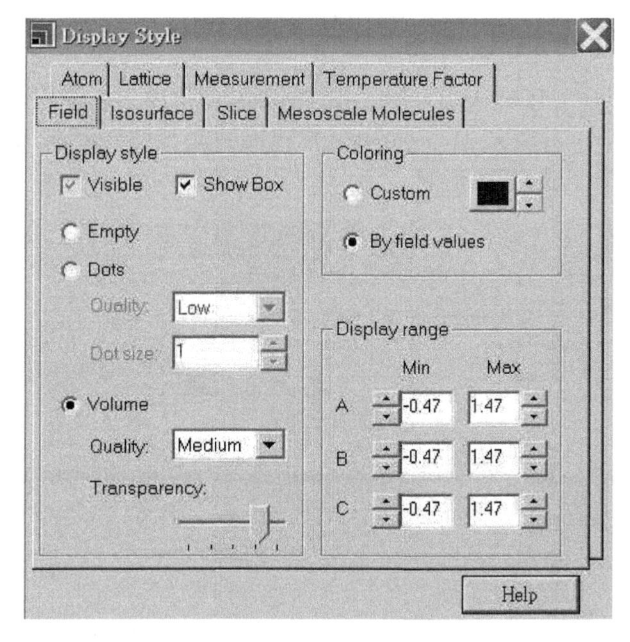

图 3-60 Display Style 对话框

我们可以将电位高低用颜色来区分，在 Volume Visualization 工具栏中点击左数第二的 Color Maps 这个快捷图标，如图 3-61 所示，弹出 Color Maps 对话框，如图 3-62 所示。在 Color Mapping 选项卡中，设置 From、To 范围，去掉较小的部分

Potential 图会清晰许多。Bands 选项中数值越大，显示的范围就越细。

图 3-61　Volume visualization 工具栏

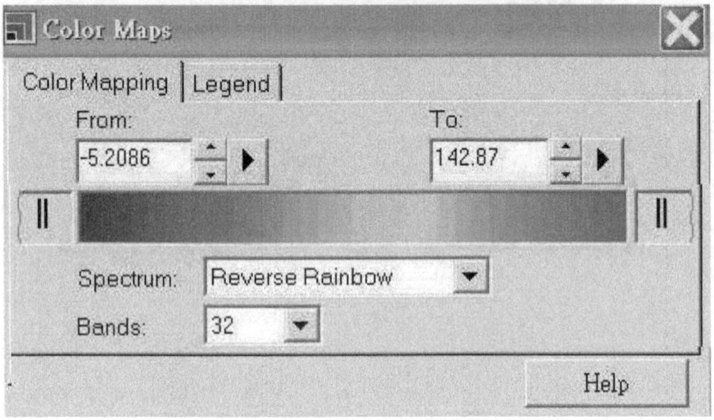

图 3-62　Color Maps 对话框

打开 Display Style 对话框，在 Isosurface 选项卡中调整透明度（Transparency）。向右调大 Transparency 值，能够透过 Isosurface 清晰地看到 Potential，如图 3-63 和图 3-64 所示。

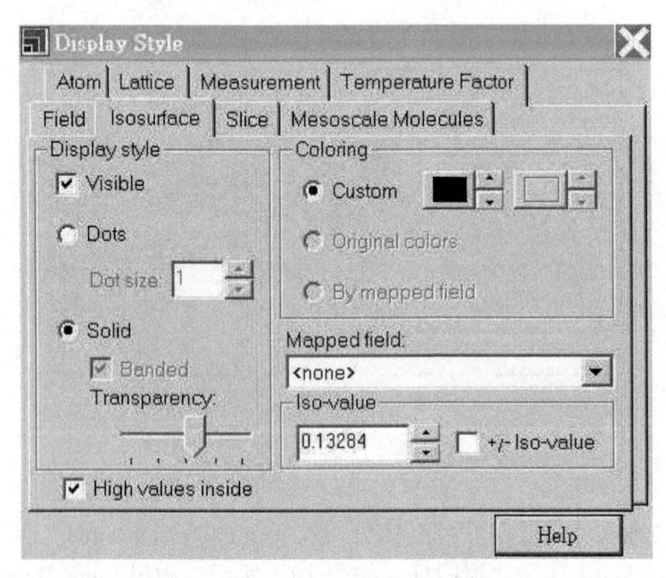

图 3-63　Display Style 对话框

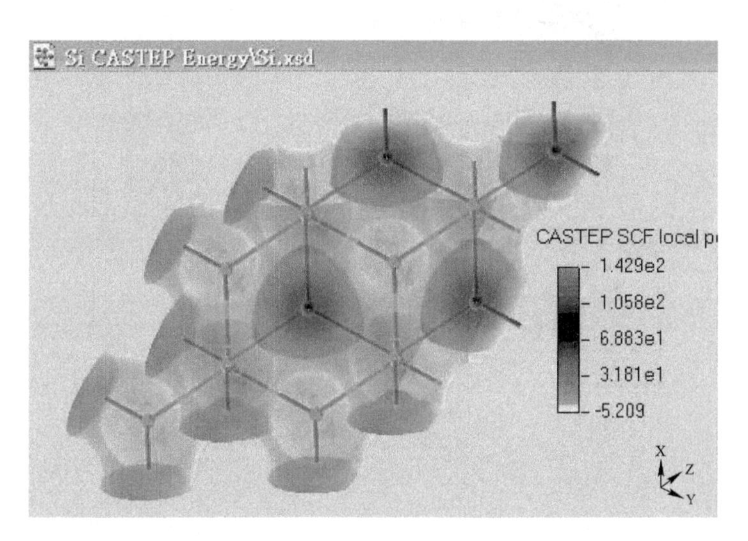

图 3-64 Potential 图

如果想获得切割面，首先打开 Volumetric Selection 对话框，取消 Isosurface 勾选，将 Isosurface 关掉，如图 3-65 所示。然后打开 Volume Visualization 工具栏，选择左四 Creat Slice 快捷按钮，默认的是 Best Fit 切割，在 Creat Slice 按钮下拉菜单中可以选择其他切割方向，如图 3-66 和图 3-67 所示。我们也可以在图中自由设定切割方向，用 Shift+右键，当箭头变成手的标志，就可以转动切割面，用 Shift+右键，可以平移切割面，结果如图 3-68 所示。

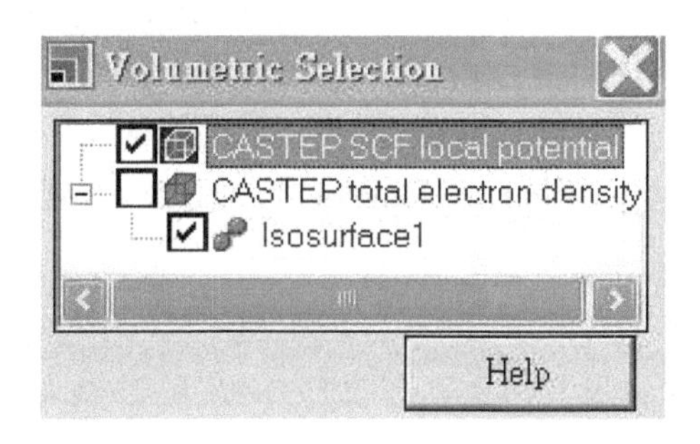

图 3-65 Volumetric Selection 对话框

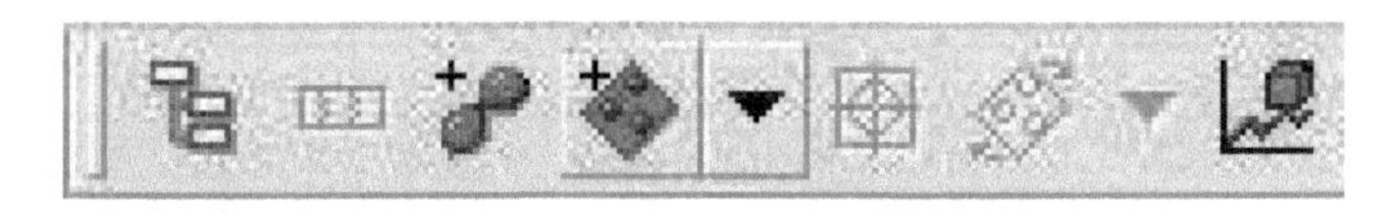

图 3-66 Volume Visualization 工具栏

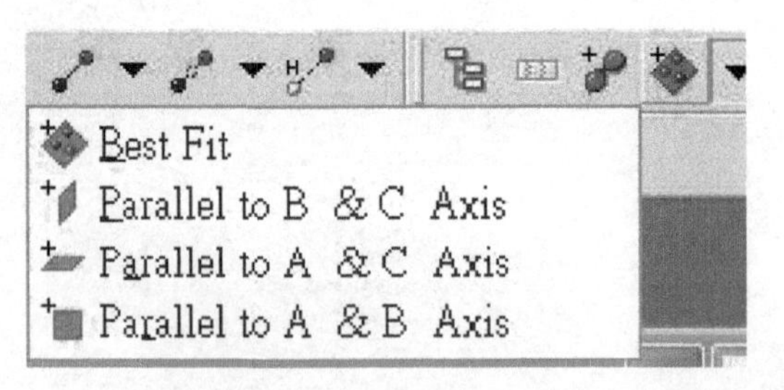

图 3-67　Creat Slice 下拉菜单

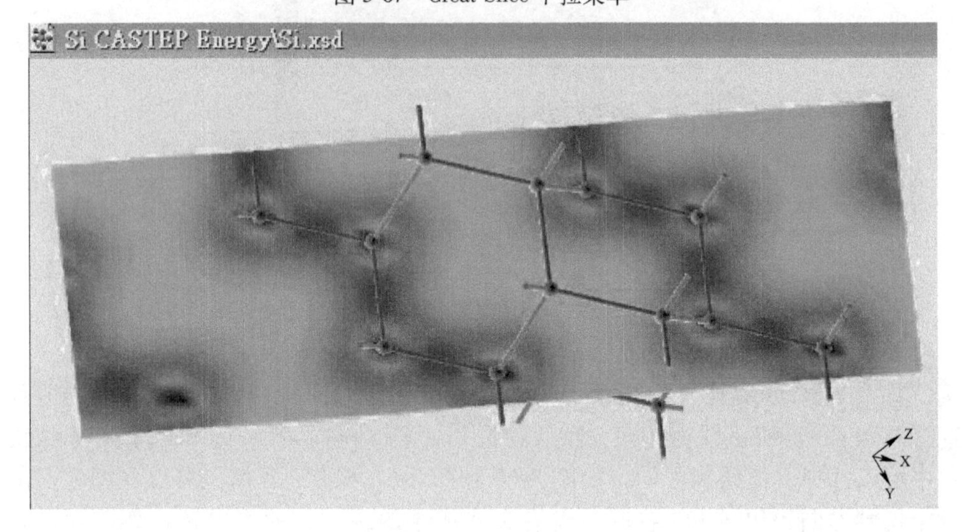

图 3-68　Slice 面

所有计算工作完成后，如果 job explorer 窗口中的信息已经不再需要了，就可以在相应内容上点击鼠标右键，在快捷菜单中选择 remove 移除或者选择 archive 保存，这个操作并不影响我们的计算结果，如图 3-69 所示。如果想要删除已经计算完成的文件，需要在 project explorer 窗口中选择想要删除的文件名，点击鼠

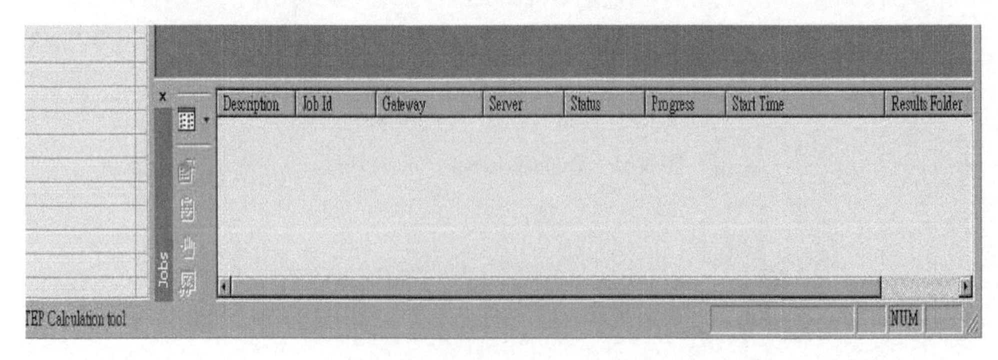

图 3-69　job explorer 窗口

标右键进行删除文件，或者也可以修改文件名。如果要退出 MS 程序，选择 file 菜单→exit，会弹出图 3-70 所示对话框，提示是否要保存新操作，如果需要选择 yes，如果不需要就选择 no。

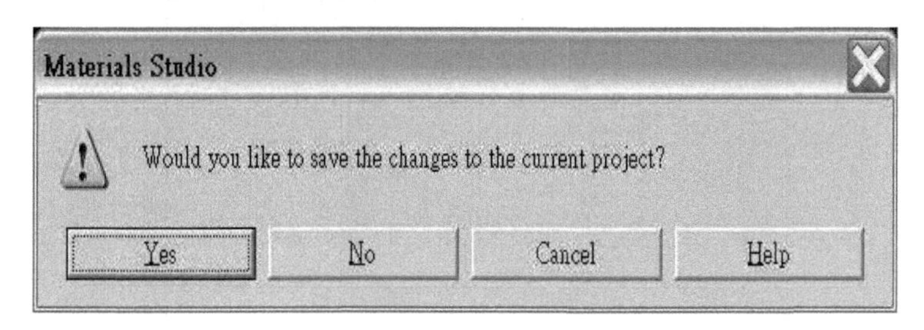

图 3-70 exit 对话框

3.2.3 光谱计算

点击 File 菜单→Import，进入系统自带的结构库，在 semiconductors 文件夹中找到已经建好的晶胞，如 Si，见图 3-71。也可选择手动输入晶体结构，先点击菜单 File→New document→3D Atomistic document，会显示空的创建 3D 模型对象的工作区间。为了节省计算时间，选择 Build 菜单→symmetry→primitive cell，把晶胞转换成原胞。

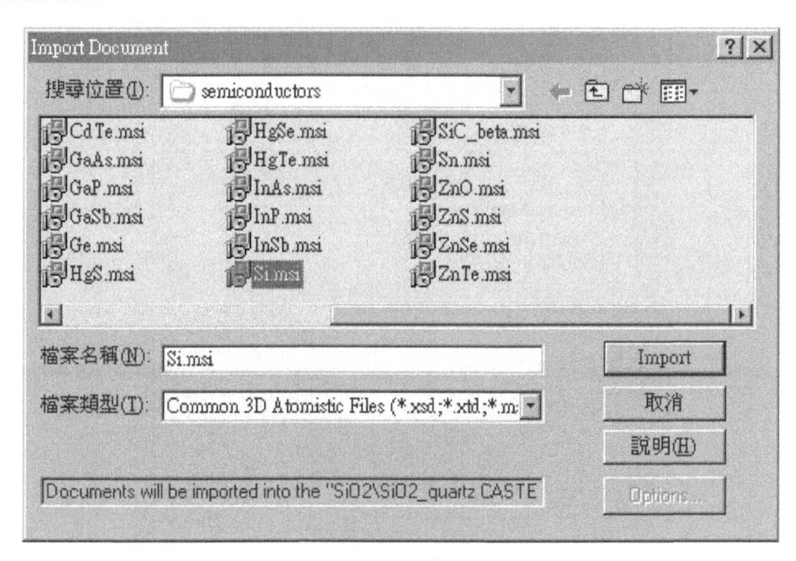

图 3-71 系统自带的晶体结构库

然后开始计算，选择快捷菜单中的带有波浪线的图标里的 Calculation 按钮，也可以选择菜单栏中 Modules 菜单→Calculation，在 Setup 选项卡中的 Tast 选项中选择 Energy，如图 3-72 所示。在 Properties 选项卡中选择 Optical properties，如图 3-73 所示。然后，点击下放 Run 按钮开始计算。

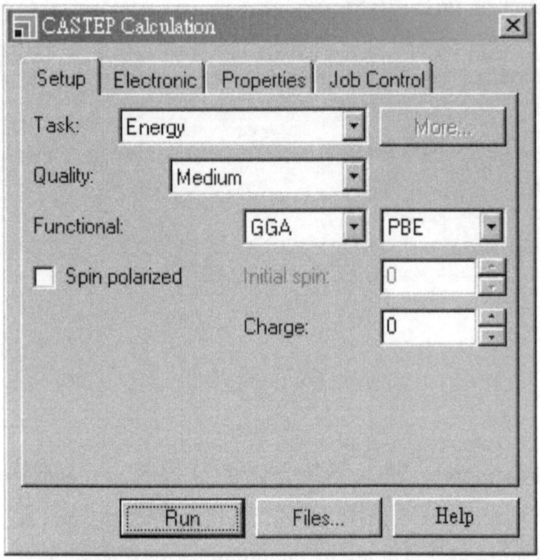

图 3-72　CASTEP Calculation 对话框

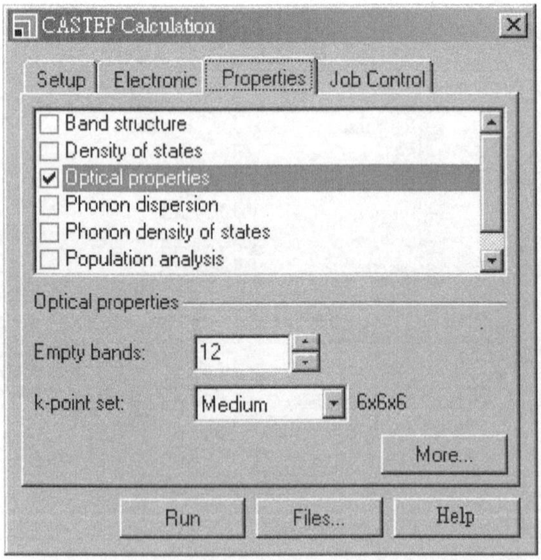

图 3-73　Properties 选单

计算完成后，会弹出 Success 对话框提示。我们选择 Modules 菜单→Analysis，也可以在快捷菜单的波浪形图标里选择 Analysis 按钮对结果进行分析，在如图

3-74所示的对话框中选择 Optical Properties。另外，在 Function 选项中有很多选择项，如果想分析吸收光谱就选择 Absorption；如果想分析介电函数就选择 Dielectric Function；然后点击 View 就可以观察结果了。例如，可以选择 Dielectric Function，然后在 Calculation 选项中选择 Polycrystalline，模糊化的程度 Smearing 设置为 0.2eV，剪切能隙修正 Scissors 设置为 0.5eV，点击下方 Caculate 按钮进行计算，再点击 View 按钮可以观察到结果，如图 3-75 所示。

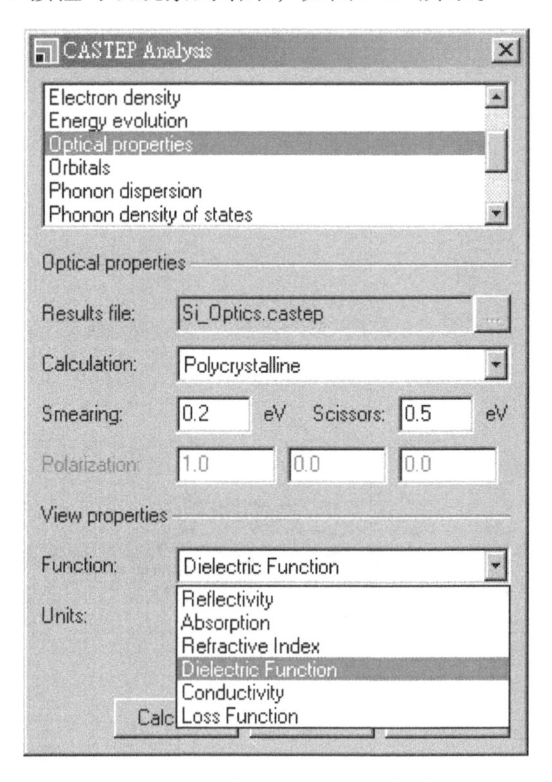

图 3-74　CASTEP Analysis 对话框

在图 3-75 上方菜单栏中有放大镜图标的快捷按钮，点击可以调整图形的坐标大小。选择光谱计算后的图形，按住鼠标左键，然后移动鼠标即可完成，如图 3-76 所示。

3.2.4 磁性计算

点击 File 菜单→Import，进入系统自带的结构库，在 metals 文件夹中找到已经建好的晶胞，如 Ni，如图 3-71 所示。也可选择手动输入晶体结构，先点击菜单 File→New document→3D Atomistic document，会显示空的创建 3D 模型对象的工作区间。为了节省计算时间，选择 Build 菜单→ symmetry→primitive cell，把晶

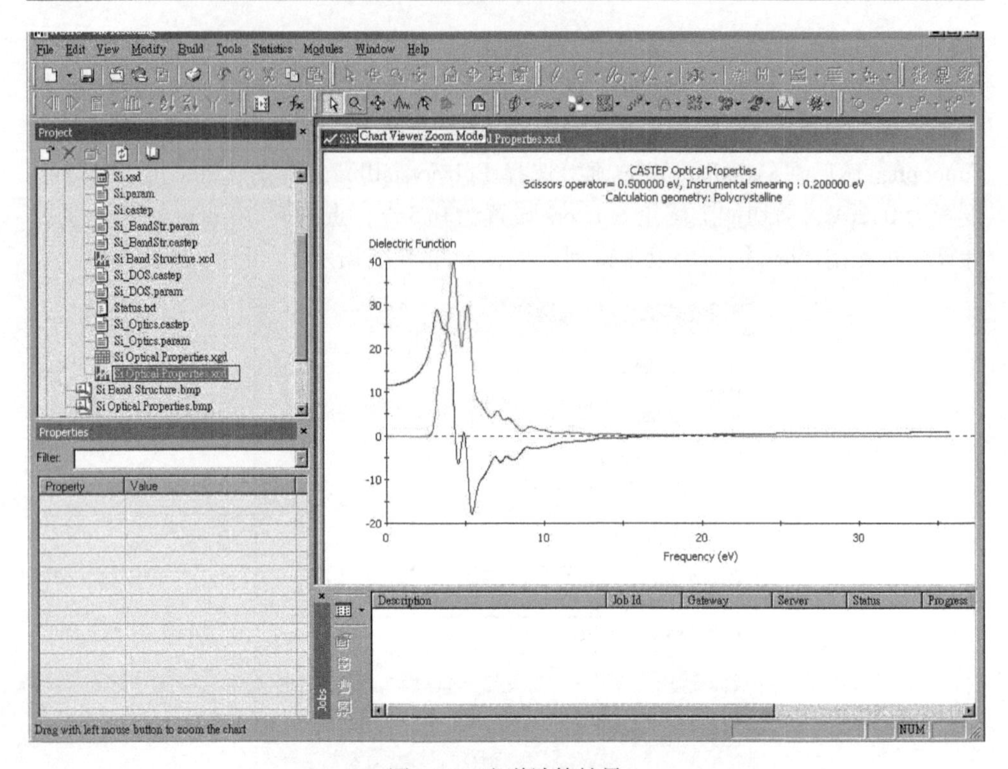

图 3-75　光谱计算结果

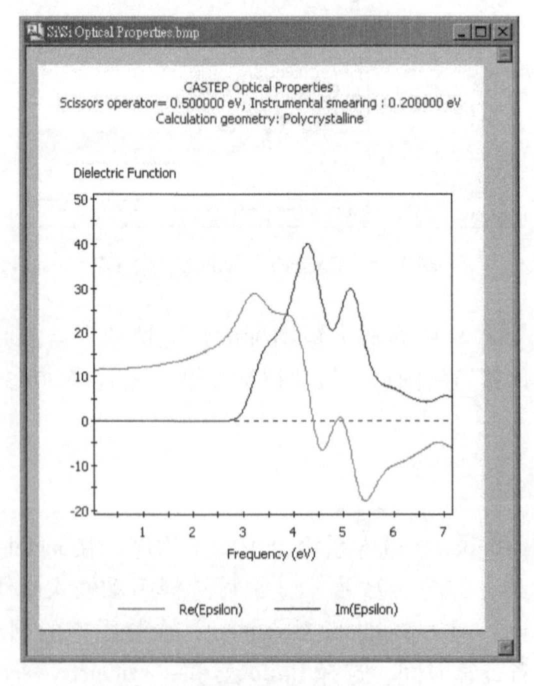

图 3-76　调整后的光谱计算结果

胞转换成原胞。然后开始计算，选择快捷菜单中的带有波浪线的图标里的 Calculation 按钮，也可以选择菜单栏中 Modules 菜单→Calculation，在 Setup 选项卡中的 Tast 选项中选择 Energy，把 spin polarized 复选框勾选上，在 Initial spin 中设置值为 1，如图 3-77 所示。在 Properties 选项卡中的设置，如图 3-78 所示。然后点击下放 Run 按钮开始计算。计算完成后，会产生文件名为 Ni. castep 的文件，在此文件中可以查找到 Integrated Spin Density = 0. 622287μB，如图 3-79 所示。

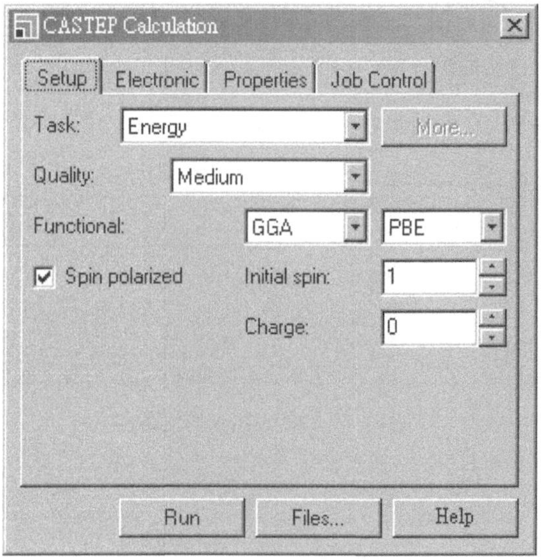

CASTEP Calculation

Setup | Electronic | Properties | Job Control

Task: Energy | More...

Quality: Medium

Functional: GGA | PBE

☑ Spin polarized | Initial spin: 1

Charge: 0

Run | Files... | Help

图 3-77 Setup 选项卡设置

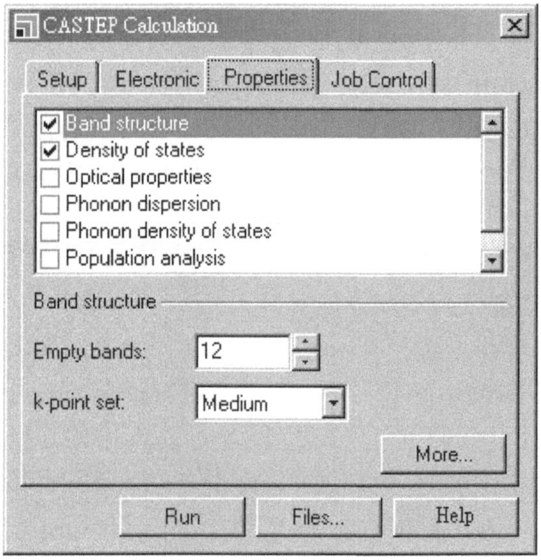

CASTEP Calculation

Setup | Electronic | Properties | Job Control

☑ Band structure
☑ Density of states
☐ Optical properties
☐ Phonon dispersion
☐ Phonon density of states
☐ Population analysis

Band structure

Empty bands: 12

k-point set: Medium

More...

Run | Files... | Help

图 3-78 Properties 选项卡设置

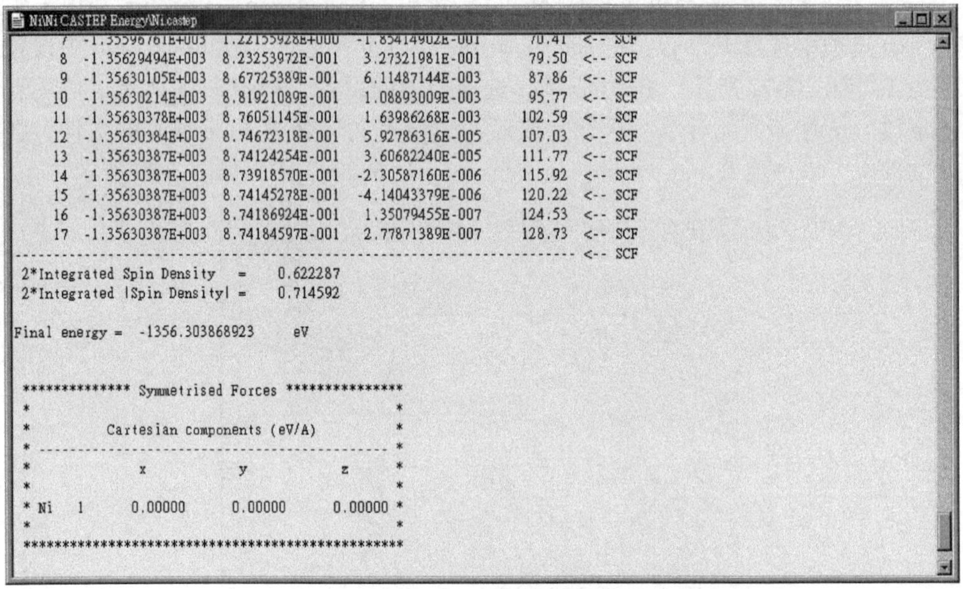

```
Ni\Ni CASTEP Energy\Ni.castep
     7  -1.35596761E+003  1.22155928E+000  -1.85414902E-001      70.41  <-- SCF
     8  -1.35629494E+003  8.23253972E-001   3.27321981E-001      79.50  <-- SCF
     9  -1.35630105E+003  8.67725389E-001   6.11487144E-003      87.86  <-- SCF
    10  -1.35630214E+003  8.81921089E-001   1.08893009E-003      95.77  <-- SCF
    11  -1.35630378E+003  8.76051145E-001   1.63986268E-003     102.59  <-- SCF
    12  -1.35630384E+003  8.74672318E-001   5.92786316E-005     107.03  <-- SCF
    13  -1.35630387E+003  8.74124254E-001   3.60682240E-005     111.77  <-- SCF
    14  -1.35630387E+003  8.73918570E-001  -2.30587160E-006     115.92  <-- SCF
    15  -1.35630387E+003  8.74145278E-001  -4.14043379E-006     120.22  <-- SCF
    16  -1.35630387E+003  8.74186924E-001   1.35079455E-007     124.53  <-- SCF
    17  -1.35630387E+003  8.74184597E-001   2.77871389E-007     128.73  <-- SCF
------------------------------------------------------------------------  <-- SCF
 2*Integrated Spin Density    =     0.622287
 2*Integrated |Spin Density| =      0.714592

Final energy =  -1356.303868923       eV


 ************** Symmetrised Forces ***************
 *                                               *
 *          Cartesian components (eV/A)          *
 * --------------------------------------------- *
 *              x            y             z     *
 *                                               *
 * Ni   1      0.00000      0.00000      0.00000 *
 *                                               *
 *************************************************
```

图 3-79　Ni. castep 的文件

3.2.5　声子谱

点击 File 菜单→Import，进入系统自带的结构库，在 metals 文件夹中找到已经建好的晶胞。也可选择手动输入晶体结构，先点击菜单 File→New document→3D Atomistic document，会显示空的创建 3D 模型对象的工作区间。选择 Build 菜单→ symmetry→primitive cell，把晶胞转换成原胞。然后开始计算，选择快捷菜单中的带有波浪线的图标里的 Calculation 按钮，也可以选择菜单栏中 Modules 菜单→Calculation，在 Setup 选项卡中的 Tast 选项中选择 Energy，如图 3-72 所示。为了节省计算时间，可以在 Electronic 选项卡中点击下方 More 按钮，如图 3-80 所示，在弹出的对话框中勾选 fix occupancy（仅能用于非导体），如图 3-81 所示。注意：声子谱的计算不支持金属导体材料。

在 Properties 选项卡中选择 Phonon dispersion，如图 3-82 所示。可以点击下方 More 按钮，观察 q-vector path（布里渊区的特定对称点，不同 q 值代表不同对称点），如图 3-83 所示。我们也可以设置 q-vector path 中的 q 坐标值，然后再进行计算分析。这里我们采用默认值，然后点击下方 Run 按钮开始计算。计算完成后会出现 Job Completed 对话框提示，并自动生成 Si_ PhoDisp. castep 文件，如图 3-84 所示。

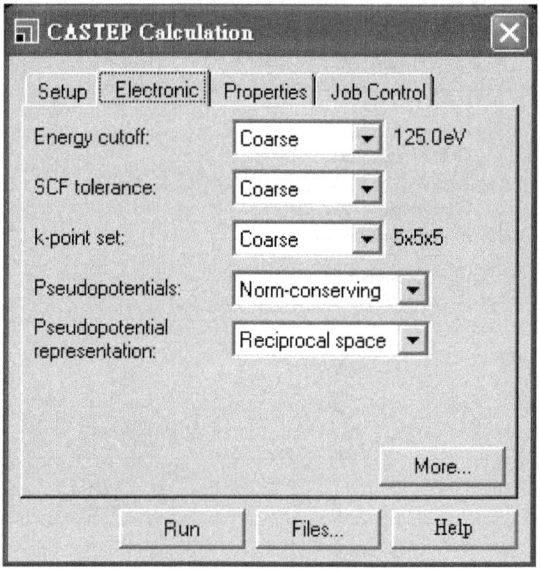

CASTEP Calculation

Setup | Electronic | Properties | Job Control

Energy cutoff: Coarse 125.0eV

SCF tolerance: Coarse

k-point set: Coarse 5x5x5

Pseudopotentials: Norm-conserving

Pseudopotential representation: Reciprocal space

More...

Run | Files... | Help

图 3-80 Electronic 选项卡

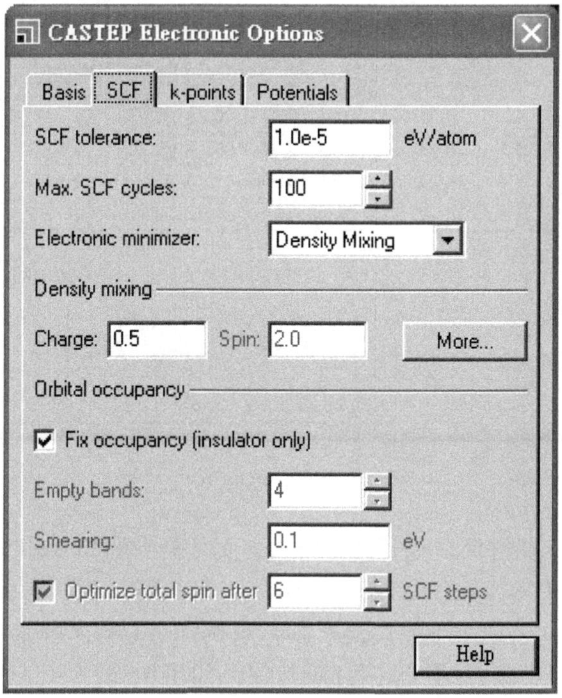

CASTEP Electronic Options

Basis | SCF | k-points | Potentials

SCF tolerance: 1.0e-5 eV/atom

Max. SCF cycles: 100

Electronic minimizer: Density Mixing

Density mixing

Charge: 0.5 Spin: 2.0 More...

Orbital occupancy

Fix occupancy (insulator only)

Empty bands: 4

Smearing: 0.1 eV

Optimize total spin after 6 SCF steps

Help

图 3-81 CASTEP Electronic Options 对话框

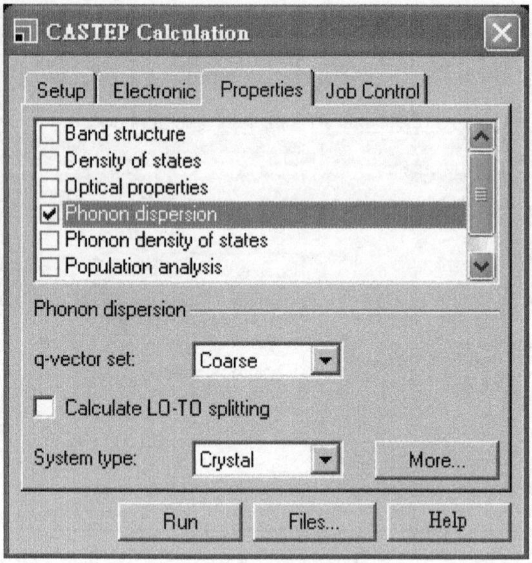

图 3-82　Properties 选项卡

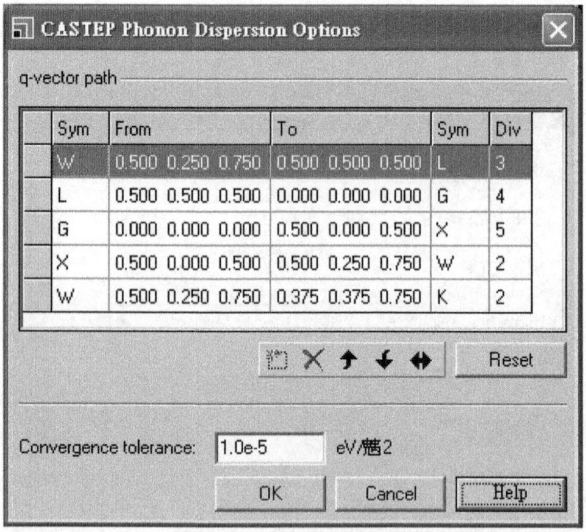

图 3-83　q-vector path

我们先打开计算结果 Si CASTEP Energy 文件夹中的 Si. xsd 文件或者打开 Si_PhoDisp. castep 文件也可以，然后再对结果进行分析。我们选择 Modules 菜单→Analysis，也可以在快捷菜单的波浪形图标里选择 Analysis 按钮对结果进行分析，选择 Phonon dispersion，然后点击 View 按钮，如图 3-85 所示。这时就可以看到如图 3-86 所示的声子谱图。我们可以通过调整声子谱图窗口大小改变输出图形的左右范围。

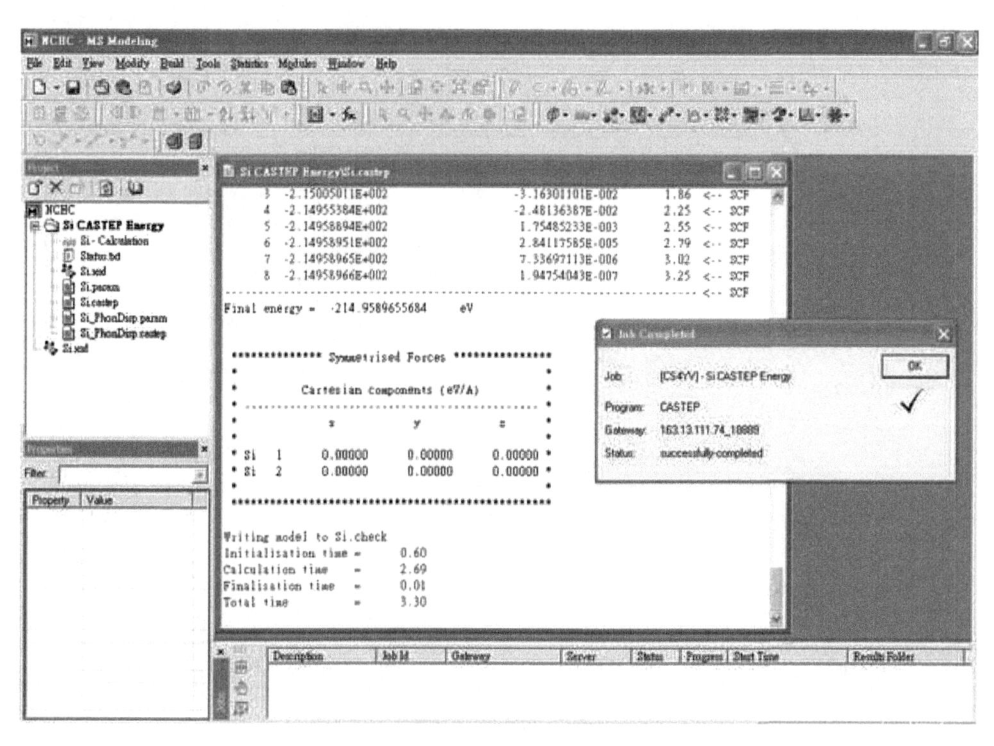

图 3-84 Si_PhoDisp. castep 文件

CASTEP Analysis

Optical properties
Orbitals
Phonon dispersion
Phonon density of states
Population analysis
Potentials

Phonon dispersion

Results file: Si_PhonDisp.castep

Units: THz

Graph style: Line

Phonon DOS

Show DOS Si_PhonDisp.castep

DOS display: Full

More...

View Help

图 3-85 CASTEP Analysis 对话框

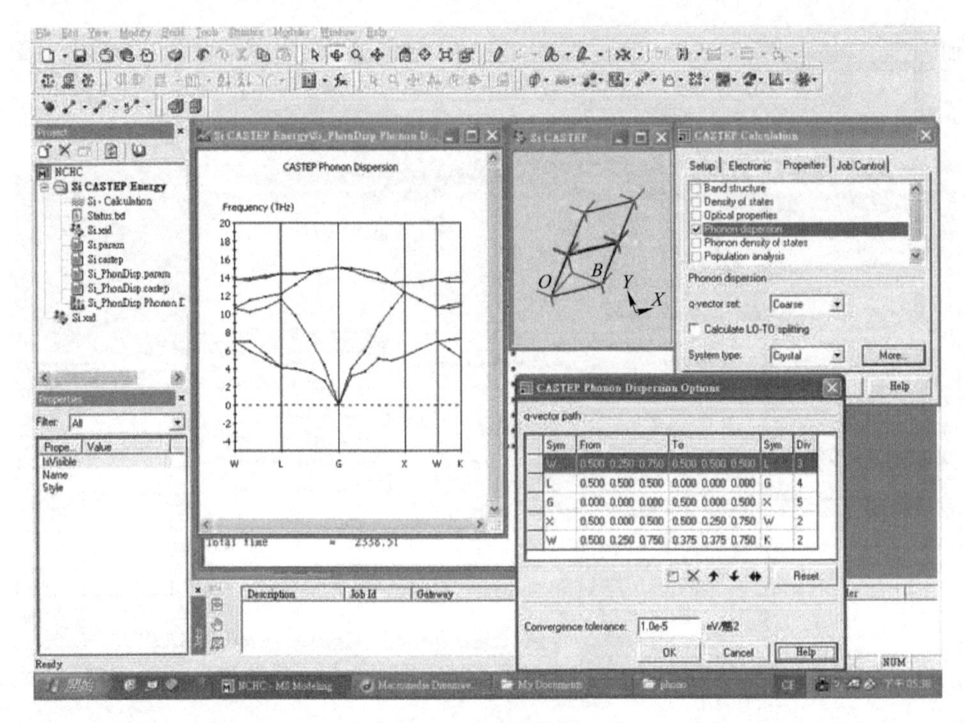

图 3-86　声子谱图

参 考 文 献

[1] 百度文库 . Materials Studio 与 CASTEP 快速入门 [J/OL]. 互联网文档资源（http：//wenku. baidu. c），2012.

[2] 孙霄霄，李敏君，赵祥敏，等 . AsI_3 电子结构与弹性性质的第一性原理研究 [J]. 原子与分子物理学报，2015，31（6）：16~21.

[3] 孙霄霄，李延龄，凌鹏飞 . Li_3Bi 结构、力学和电子性质的第一性原理计算 [J]. 云南大学学报（自然科学版），2012，34（1）：45~49.

[4] 李延龄 . 新型超硬材料理论设计方法简介及展望 [J]. 徐州师范大学学报（自然科学版），2010，28（3）：1~11.

4 高压下 BiI_3 物性的第一性原理研究

4.1 BiI_3 的研究现状

BiI_3 具有相对大的带隙，高密度，大的原子量，强离子键和强各向异性，成为室温下 γ-射线探测器或 X-射线数字成像传感器的制作材料[1,2]。BiI_3 还常常被用作分析试剂，也用于生物碱或其他碱类的检验。

早在 1964 年，Wyckoff[3]指出，BiI_3 晶体在常压下有两种不同的结构，一种是空间群为 P-31m 的六角（hexagonal）结构，另一种是空间群为 R-3 的菱方（rhombohedral）结构。在这两种结构中，原子层的周期性排列不同：BiI_3 的菱方结构（rhombohedral）可以看成是由 I-Bi-I 三层原子平面堆积构成；而六角结构的 BiI_3 晶体由 I-Bi-I 平面周期性排列形成。1966 年，Trotter 和 Zobel[4]采用 X-射线衍射方法测得的晶格常数 a 为 0.7516nm，c 为 0.6906nm。1996 年，Keller 等人[5]利用物理气相传输法生长 BiI_3 晶体，测得 BiI_3 在室温下的晶格常数为 $a=0.75192 \pm 0.00003$nm，$c=2.0721\pm0.0004$nm。1975 年，Krylova 等人[6]在温度为 1.6~77K 的范围内测量了 BiI_3 晶体吸收和发射光谱，他们认为 BiI_3 是间接带隙半导体，带隙为 2.009eV。相似的结论也被 Kaifu 和 Komatsu 得出。Kaifu 和 Komatsu[7~9]测出，在较高温度时 BiI_3 是直接带隙半导体，带隙为 2.080eV，而在温度较低时，是间接带隙半导体，带隙为 2.008eV。1976 年，Schlüer 等人[10]采用经验赝势方法计算了 BiI_3 能带，指出其是直接带隙半导体。因此，关于 BiI_3 晶体的电子结构在实验测量和理论计算上出现了矛盾。2008 年，Yorikawa 和 Muramatsu[11]采用第一性原理赝势计算方法对 BiI_3 的结构和电子性质进行了理论研究，证明菱方结构的 BiI_3 晶体是稳定结构，是间接带隙半导体。这一结论解决了关于带隙问题在实验测量和理论计算结果上的矛盾。1995 年，Lifshitz 和 Bykov 对 BiI_3 的荧光性质进行了研究[12]。2002 年，利用密度函数分析方法和第一性原理计算方法，Virko 等人探索了 MI_3（M = Bi，Sb，As）的分子结构[13]。1996 年，Judit Molnár 等人采用气相电子衍射和红外光谱实验方法对含有重金属元素的 SbI_3 和 BiI_3 的分子结构进行了测量[14]。2003 年，Sobolev 等人在 1~5eV 压强范围内分析了 BiI_3 的光学性质[15]。

BiI_3 具有强的光学各向异性特征。目前，人们广泛关注于这种材料的光学性质。对 BiI_3 在高压下的物性研究，可以丰富人们对 AB_3 型化合物在高压下物性的认识。

4.2　计算参数选择

所有的计算均采用 CASTEP 代码完成。电子和离子实之间的相互作用采用超软赝势（Ultrasoft）。平面波截断能选取为 300eV。对于交换关联函数，我们采用 GGA 下的 PBE 形式。在结构优化中，能量收敛标准采用 5.0×10^{-6}eV/atom，原子的最大位移设为 5.0×10^{-5}nm，最大应力收敛标准取为不大于 0.02GPa。自洽计算的收敛标准为 5.0×10^{-7} eV/atom。我们采用 BFGS 算法来完成能量最小化计算，利用 VRH 近似来计算弹性常数。

4.3　BiI_3 结构模型的第一性原理研究

4.3.1　BiI_3 稳定结构的确定

BiI_3 具有六角（hexagonal）P-31m 结构[16]和菱方（rhombohedral）R-3 结构[17]。在图 4-1 中我们给出了 R-3 和 P-31m 结构 BiI_3 的单胞分布图。这两个结构中，每个单胞都包含 2 个 Bi 原子和 6 个 I 原子，Bi 原子与周围的 6 个 I 原子构成稍微扭曲的八面体。表 4-1 列出了 R-3 和 P-31m 结构的 BiI_3 的实验值，以及理论模拟的零压下 BiI_3 相应结构的晶格参数。由表 4-1 还可以反映出来：计算优化后得到的晶格参数与实验值符合的很好[16,17]。我们计算了零压下这两个结构的焓，计算结果表明：具有 R-3 结构的 BiI_3 的焓低。在 R-3 结构中，6 个 Bi 原子占据 Wyckoff 的 6c（0.0000，0.0000，0.1705）位置（Z 值接近实验值 0.1667），18 个 I 原子位于 18f（0.3256，0.3244，0.0858）位置［实验值是（0.3415，0.3395，0.0805）］。在 P-31m 结构中，2 个 Bi 原子占据 2 c（0.3333，0.6667，0）位置，6 个 I 原子处于 6k（0.6661，0.0000，0.2571）位置。计算得到的 P-31m 和 R-3 结构的密度分别为 5.93g/cm^3 和 5.56g/cm^3，这也与实验值符合的很好[16,17]。我们知道，采用 GGA 方法进行的近似计算，通常都会高估晶体的晶格常数。我们分析计算的 BiI_3 情况却是不同的，优化后，平衡晶格参数 a 值比实验值略小一些。

表 4-1　P-31m 和 R-3 结构的 BiI_3 晶体的平衡结构参数

空间群	ΔH/eV	V_0/nm^3	a/nm	c/nm	ρ/g · cm^{-3}	文献
P-31m	0.0571	165.0×10^{-3}	0.7430	0.6904	5.93	本文
		168.1×10^{-3}	0.750	0.690	5.64	[16]
R-3	0	168.9×10^{-3}	0.7511	2.1636	5.56	本文
		176.2×10^{-3}	0.7516	2.072	5.64	[17]

注：晶格常数为 a、c，密度为 ρ，ΔH 是单分子的相对焓值，V_0是单胞的体积。

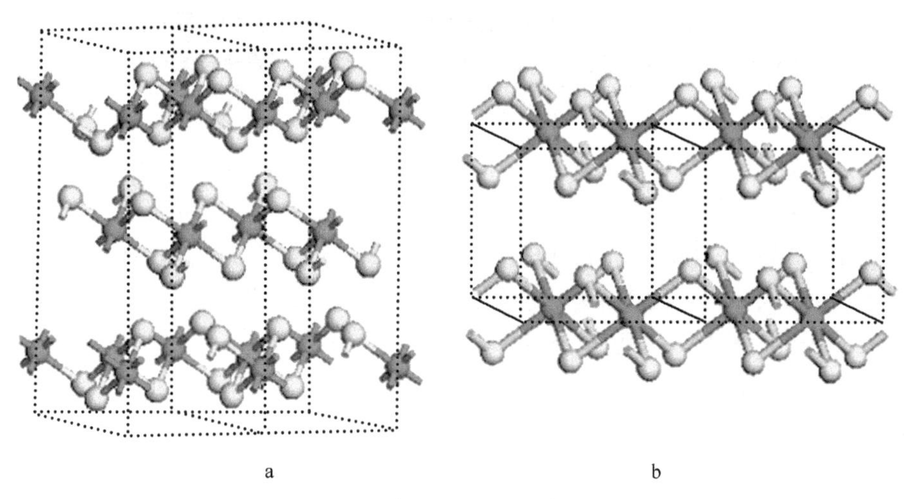

a　　　　　　　　b

图 4-1　不同结构 BiI_3 的晶体结构图

a—R-3 结构的 BiI_3 的晶体结构图（黑色小球代表 Bi 原子，灰色小球代表 I 原子）；

b—P-31m 结构的 BiI_3 的晶体结构图

4.3.2　BiI_3 的弹性特征

固体的弹性性质非常重要，与热力学参数密切相关，也能对各种固态现象进行预测[18]。

六角和菱方结构零压下的力学稳定标准，见表 4-2。我们计算了 R-3 和 P-31m 结构在零压下的弹性常数，结果见表 4-3。对于稳定结构，其弹性常数要满足 Born-Huang 力学稳定标准[19]。经过计算，我们发现，对于零压下的 P-31m 结构，$(C_{11}-C_{12})=14.0-58.1<0$，不满足力学稳定标准。因而，P-31m 结构在零压下是力学不稳定的。R-3 结构在零压下满足力学稳定标准，是力学稳定的。焓和弹性常数的计算都表明了 R-3 结构是零压下的稳定结构，而 P-31m 结构是不稳定的。

表 4-2　六角和菱方结构晶体的独立弹性常数值和零压下的力学稳定标准

结构类型	独立弹性常数	力学稳定标准（零压下）
六角 (hexagonal)	C_{11}，C_{33}，C_{44}，C_{12}，C_{13}	$C_{11}>0$，$C_{33}>0$，$(C_{11}-C_{12})>0$，$C_{44}>0$ $(C_{11}+C_{12})C_{33}-2C_{13}^2>0$
菱方 (rhombohedral)	C_{11}，C_{33}，C_{44}，C_{12}，C_{13}，C_{14}	$C_{33}>0$，$C_{44}>0$，$C_{11}-\|C_{12}\|>0$， $(C_{11}+C_{12})C_{33}-2C_{13}^2>0$， $(C_{11}-C_{12})C_{44}-2C_{14}^2>0$

表 4-3 零压下，BiI_3 的两个结构的弹性常数 C_{ij}(GPa)、剪切模量 G(GPa)、块体模量 B (GPa)、杨氏模量 E (GPa)、泊松比 ν 和德拜温度 Θ_D (K)

空间群	C_{11}	C_{33}	C_{44}	C_{12}	C_{13}	C_{14}	B	G	E	ν	Θ_D
P-31m	14.0	48.2	24.4	58.1	28.4	0	—	—	—	—	—
R-3	48.8	37.5	18.4	13.0	17.4	-7.9	25.6	15.3	38.3	0.25	181

在 Voigt-Reuss-Hill (VRH) 理论[20]下，根据测量或计算出的弹性常数，可以利用下面的式 4-1~式 4-10 计算出剪切模量 G(GPa)、块体模量 B(GPa)、泊松比 ν、杨氏模量 E(GPa) 和德拜温度 Θ_D (K)，结果见表 4-3。根据 Voigt 理论和 Reuss 理论，可以计算弹性模量。B_V表示 Voigt 理论下的块体模量，G_V表示 Voigt 理论下的剪切模量，B_R表示 Reuss 理论下的块体模量，G_R表示 Reuss 理论下的剪切模量。

根据 Voigt 理论，B_V和 G_V可以分别被表示为：

$$9B_V = (C_{11} + C_{22} + C_{33}) + 2(C_{12} + C_{23} + C_{31}) \tag{4-1}$$

$$15G_V = (C_{11} + C_{22} + C_{33}) - (C_{12} + C_{23} + C_{31}) + 3(C_{44} + C_{55} + C_{66}) \tag{4-2}$$

在 Reuss 理论下，B_R和 G_R被定义为：

$$1/B_R = (S_{11} + S_{22} + S_{33}) + 2(S_{12} + S_{23} + S_{31}) \tag{4-3}$$

$$15/G_R = 4(S_{11} + S_{22} + S_{33}) - 4(S_{12} + S_{23} + S_{31}) + 3(S_{44} + S_{55} + S_{66}) \tag{4-4}$$

对于 Rhombohedral 结构晶体，有：

$$B_V = \frac{1}{9}(2C_{11} + C_{33} + 2C_{12} + 4C_{13}) \tag{4-5}$$

$$15G_V = (2C_{11} + C_{33}) - (C_{12} + 2C_{13}) + 3[2C_{44} + (C_{11} - C_{12})/2] \tag{4-6}$$

$$1/B_R = (2S_{11} + S_{33}) + 2(S_{12} + 2S_{13}) \tag{4-7}$$

$$15/G_R = 4(2S_{11} + S_{33}) - 4(S_{12} + 2S_{13}) + 3(2S_{44} + S_{66}) \tag{4-8}$$

利用弹性常数可以算出，$B_V = 25.61$GPa，$G_V = 16.76$GPa，$B_R = 25.51$GPa，$G_R = 13.86$GPa。

通常，采用 Hill 平均来计算 B 和 G，如下式：

$$G = (G_R + G_V)/2,\ B = (B_R + B_V)/2 \tag{4-9}$$

计算得出，$G=15.31$GPa，$B=25.56$GPa。

对于各向同性材料，杨氏模量 E 和泊松比 ν 可由下式估算：

$$E = \frac{9BG}{3B + G},\ \nu = \frac{3B - 2G}{2(3B + G)} \tag{4-10}$$

计算得出，$E=38.29$GPa，$\nu=0.25$。

R-3 结构的块体模量、剪切模量和杨氏模量分别为 25.6GPa，15.3GPa 和 38.3GPa，原子间弱相互作用的离子键使得弹性模量较小。杨氏模量可以表征固体的硬度，我们计算 R-3 结构 BiI_3 的杨氏模量是 38.3GPa，暗示 BiI_3 这种材料的硬度较小。据查，泊松比理论计算上限值为 0.5，即表示弹性形变过程中体积是不发生变化的，具有无限大的弹性各向异性特性。泊松比值同晶体单向受拉或受压时体积变化即膨胀密切相关[18]。我们计算得到的泊松比是 0.25，远远小于 0.5，这表明 R-3 结构的 BiI_3 在弹性形变中体积变化是较大的。

德拜温度可以使晶体的热力学性质和力学性质相关联，是研究晶体性质的重要参数。利用表 4-3 中的弹性常数 B、G，我们可以估算出晶体的德拜温度。

根据式（4-11）计算得出德拜温度 Θ_D [21]：

$$\Theta_D = \frac{h}{k}\left[\frac{3n}{4\pi}\left(\frac{N_A\rho}{M}\right)\right]^{1/3}\nu_m \tag{4-11}$$

式中，h 为普朗克常数；k 是玻耳兹曼常数；N_A 是阿弗加德罗常数；ρ 是密度；M 是相对分子质量；n 是分子中原子的个数。

根据公式（4-12），我们可以计算出晶体的横的弹性波速 v_t 和纵的弹性波速 v_l。

$$v_t = \left(\frac{G}{\rho}\right)^{\frac{1}{2}},\ v_l = \left(\frac{B + \frac{4G}{3}}{\rho}\right)^{\frac{1}{2}} \tag{4-12}$$

由 v_l 和 v_t，根据公式（4-13）计算出平均弹性波速 v_m：

$$v_m = \left[\frac{1}{3}\left(\frac{2}{v_t^3} + \frac{1}{v_l^3}\right)\right]^{-\frac{1}{3}} \tag{4-13}$$

经过计算，$v_t = 1.658 \times 10^3 \mathrm{m/s}$，$v_l = 2.875 \times 10^3 \mathrm{m/s}$，$v_m = 2147 \mathrm{m/s}$，$\Theta_D = 155.36\mathrm{K}$。

弹性各向异性包括剪切各向异性和压缩各向异性。C_{44}/C_{66} 的比值反映了六角晶系的剪切各向异性，压缩各向异性则可以从比值 $B_c/B_a = (C_{11} + C_{12} - 2C_{13})/(C_{33} - C_{13})$ 看出，其中 B_c 和 B_a 分别表示沿 c 轴和 a 轴方向的块体模量。对于 R-3 结构的 BiI_3，C_{44} 和 C_{66} 比值为 1.031，表明其大的剪切各向异性。$B_c/B_a = 1.34$ 意味着 a 轴比 c 轴具有更强的不可压缩性。这个结论我们也可以通过分析 c/a 比值与压力的关系得到验证。如图 4-2 所示，我们可以看到当压力小于 5GPa 时，c/a 的比值随着压力的增大而减小，这表明 BiI_3 晶体的 a 轴比 c 轴更难压缩。同时我们也注意到，当压力在 20GPa 附近时，c/a 比值达到最小，意味着 20GPa 左右可能存在结构相变行为。

对于描述晶体的弹性各向异性特征，Ranganathan 和 Ostioja-Starzewski[22] 定义了普适的弹性各向异性因子 A^u：

$$A^u = 5\frac{G_V}{G_R} + \frac{B_V}{B_R} - 6 \tag{4-14}$$

$A^u = 0$，表示晶体是局部各向同性的；A^u 偏离 0 值越大，表示各向异性的程度也就

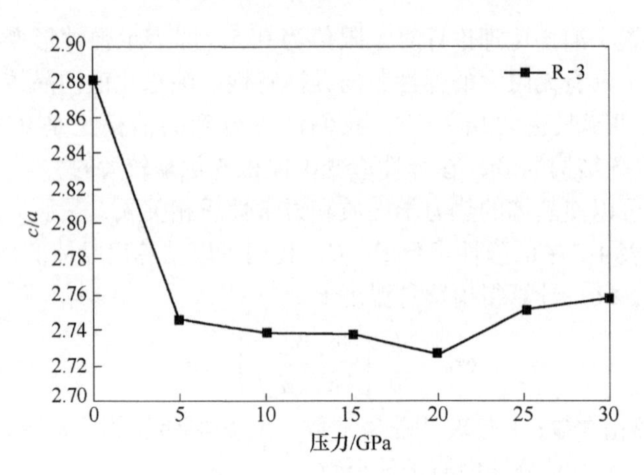

图 4-2　R-3 结构的 BiI_3 的 c/a 比值与压力的关系

越大。计算得出，对于 R-3 结构的 BiI_3，$A^u=1.053$，这个值远远偏离 0 值，这也再次说明了这个材料的大的弹性各向异性特性。

我们可以通过计算材料的 B/G 值对延展性进行分析。据查，硅的 $B/G=1.4$。B/G 的比值越大，说明固体相对越软。经过计算，R-3 结构 BiI_3 的 B/G 值为 1.67，和 Si 接近，说明这个材料是脆性材料。这也说明层间是共价键结合。

4.3.3　BiI_3 在压力下的结构相变

我们通过比较每分子相对焓来研究高压相变。高压下，不同结构的 BiI_3 的相对稳定性可以从它们的焓随压力变化关系即焓压曲线来确定。基本方法是：计算一系列可能结构的能量，然后得到焓压曲线，在同一压强下焓最小的结构就是该压力下最稳定的结构。在相变压处，前后两个结构的焓相等。

我们讨论了多种 AX_3 型结构，例如，BiF_3 具有的正交的 Pnma 和立方的 Fm-3m、P-43m 结构[23~25]，SbI_3 具有的单斜的 $P2_1/c$ 结构[26]，BiI_3 的 R-3 和 P-31m 结构，$AsBr_3$ 的 $P2_12_12_1$ 结构，SbF_3 的 C2cm 结构，AlH_3 的 R-3c 结构，$AsLi_3$ 的 $P6_3/mmc$ 结构，$BiBr_3$ 的 C2/m 结构，Cu3N 的 Pm-3m 结构，NLi3 的 P6/mmm 结构等。图 4-3 中我们给出了其中四种竞争结构的单胞示意图。

为了得到零压下最稳定结构，我们对几十种典型结构的 BiI_3 晶体的晶格参数和原子位置同时进行了结构优化。本论文中没有给出所有结构的参数，只在表 4-4中列出了四个代表性结构优化后的结构参数。通过对典型结构焓的计算，我们发现 R-3 结构的 BiI_3 的焓最低，是零压下最稳定结构。在 R-3 结构中，Bi 原子与周围的 6 个 I 原子构成稍微扭曲的八面体，每个 Bi 原子是等价的，位于 6c 位置，每个 I 原子位于等价的 18f 位置。Bi 原子和 I 原子的间距为 0.3028nm 和 0.3052nm。

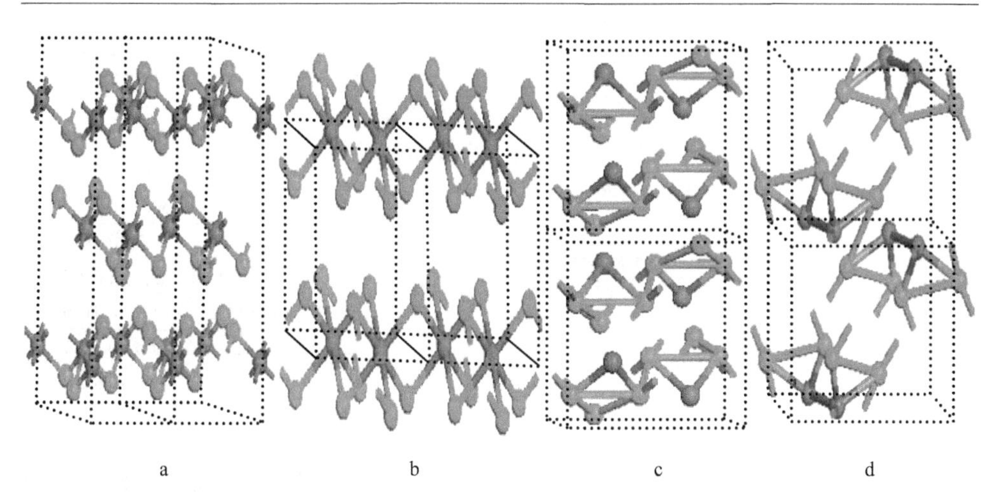

图 4-3 BiI_3 的四个竞争结构（黑球表示 Bi 原子，灰色球表示 I 原子）

a—R-3；b—P-31m；c—Pnma；d—$P2_1/c$

表 4-4 BiI_3 四个代表性结构优化后的结构参数

空间群	压力/GPa	晶格参数（nm,°）	原子分数坐标
R-3	0	a=0.7511，b=0.7511，c=2.1636 α=90，β=90，γ=120	Bi 6c（0.0000，0.0000，0.1705） I 18f（0.3256，0.3244，0.0858）
	7	a=0.6915，b=0.6915，c=1.9111 α=90，β=90，γ=120	Bi 6c（0.0000，0.0000，0.1647） I 18f（0.3316，0.3436，0.0740）
SbI_3 （$P2_1/c$）	0	a=0.7644，b=1.1141，c=0.8696 α=90，β=108.272，γ=90	Bi 4e（0.0387，0.8345，0.1711） I 4e（0.2101，1.0643，0.1853） I 4e（−0.2202，0.9155，0.3206） I 4e（0.3174，0.7503，0.4614）
	7	a=0.6740，b=0.9362，c=0.8079 α=90，β=107.133，γ=90	Bi 4e（0.0223，0.7743，0.1378） I 4e（0.2267，1.0652，0.1884） I 4e（−0.2276，0.9337，0.3310） I 4e（0.3592，0.7443，0.4658）
	68	a=0.5983，b=0.8191，c=0.6738 α=90，β=106.498，γ=90	Bi 4e（0.0170，0.7546，0.1361） I 4e（0.2431，1.0532，0.1907） I 4e（−0.2450，0.9509，0.3252） I 4e（0.4080，0.7393，0.4832）
BiF_3 （Fm-3m）	0	a=0.8024，b=0.8024，c=0.8024 α=90，β=90，γ=90	Bi 4a（0.0000，0.0000，0.0000） I 4b（0.5000，0.5000，0.5000） I 8c（0.2500，0.2500，0.2500）
	68	a=0.6747，b=0.6747，c=0.6747 α=90，β=90，γ=90	Bi 4a（0.0000，0.0000，0.0000） I 4b（0.5000，0.5000，0.5000） I 8c（0.2500，0.2500，0.2500）

续表 4-4

空间群	压力/GPa	晶格参数（nm,°）	原子分数坐标
BiF_3 (Fm-3m)	133	$a=0.6388$，$b=0.6388$，$c=0.6388$ $\alpha=90$，$\beta=90$，$\gamma=90$	Bi 4a（0.0000，0.0000，0.0000） I 4b（0.5000，0.5000，0.5000） I 8c（0.2500，0.2500，0.2500）
BiF_3 (Pnma)	0	$a=0.8904$，$b=1.3290$，$c=0.7435$ $\alpha=90$，$\beta=90$，$\gamma=90$	Bi 4c（0.4527，0.2500，0.0555） I 4c（0.5169，0.2500，0.6867） I 8d（0.1332，0.0915，0.3196）
	133	$a=0.4928$，$b=0.9217$，$c=0.5666$ $\alpha=90$，$\beta=90$，$\gamma=90$	Bi 4c（0.4219，0.2500，0.1203） I 4c（0.4320，0.2500，0.6211） I 8d（0.2490，0.0030，0.3718）

我们计算了焓随压力变化的关系来研究结构相变。BiI_3 四个竞争结构的单分子相对焓随压力的变化如图 4-4 所示。由图可以看出，在 7GPa 的压力下，存在一个从 R-3 到 $P2_1/c$ 的结构相变。当压力增加到 68GPa 时，Fm-3m 结构的焓变得更低，这说明存在从 $P2_1/c$ 到 Fm-3m 的第二个结构相变。当压力加到 133GPa 时，Pnma 结构的焓最低，这说明在 BiI_3 中存在从 Fm-3m 到 Pnma 的第三个结构相变。

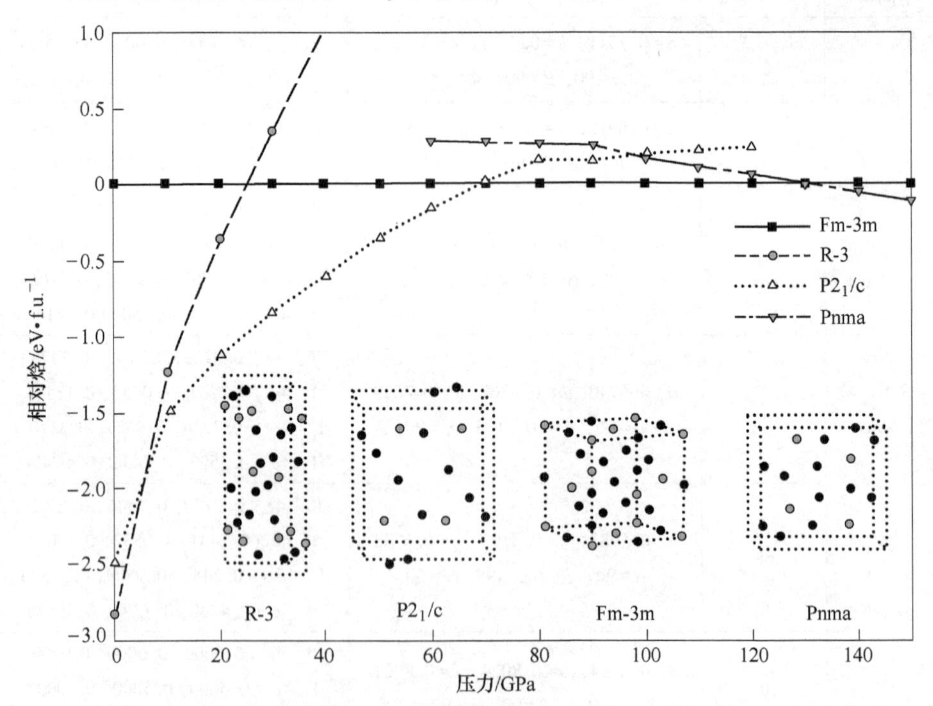

图 4-4 BiI_3 四个竞争结构在高压下的焓压曲线，Fm-3m 结构被选为参考点

在 7~68GPa 压力范围内，单斜的 $P2_1/c$ 结构是最稳定结构。对于 $P2_1/c$ 结

构，每个晶胞中包括4个化学形式单元，等价的 Bi 原子位于 4e 位置，I 原子位于3个不等价的 4e 位置（见表4-4）。随着压力的增加，Bi 原子和 I 原子的间距减小。7GPa 时，有 3 个不同的差别较小的 Bi-I 间距，分别为 0.3009nm，0.2962nm 和 0.3024nm，优化得到的平衡结构参数 a，b 和 c 分别为 0.67398nm，0.93619nm 和 0.80786nm。当压力加到 68GPa 时，$P2_1/c$ 结构转变为 Fm-3m 结构。Bi 原子位于 4a（0.0000，0.0000，0.0000）位置，两个不等价的 I 原子分别位于 4b（0.5000，0.5000，0.5000）和 8c（0.2500，0.2500，0.2500）位置。对于 Fm-3m 结构，我们优化得到的平衡结构参数为 $a=b=c=0.6747$nm，Bi-I 间距为 0.2922nm 和 0.3374nm。压力为 133GPa 时，Fm-3m 结构转变为 Pnma 结构。对于 Pnma 结构，四个 Bi 原子位于 4c（0.4219，0.2500，0.1203），I 原子存在两个不等价的位置，I（1）原子位于 4c（0.4320，0.2500，0.6211），I（2）原子位于 8d（0.2490，0.0030，0.3718）。我们优化得到的平衡结构参数为 $a=0.4928$nm，$b=0.9217$nm 和 $c=0.5666$nm。在 Pnma 结构中，Bi-I 间距数值差别较小，暗示了该八面体的较小扭曲，具有更好的对称性。结合 R-3 和 Pnma 结构，二者具有类似的八面体结构。

此外，我们计算了 BiI_3 四个竞争结构（R-3、$P2_1/c$、Fm-3m 和 Pnma）在 0~150GPa 压强范围内的相对体积（V/V_0）随压力的变化关系，如图 4-5 所示。随着压力的增加，体积的不连续变化暗示着结构相变的发生。在 7GPa 时，有 5.8%的体积突减，根据焓压曲线可知，该压力下 BiI_3 由 R-3 结构相变到 $P2_1/c$ 结构。对于 R-3 结构，计算的金属化压力是 133GPa，而 $P2_1/c$ 结构的金属化压

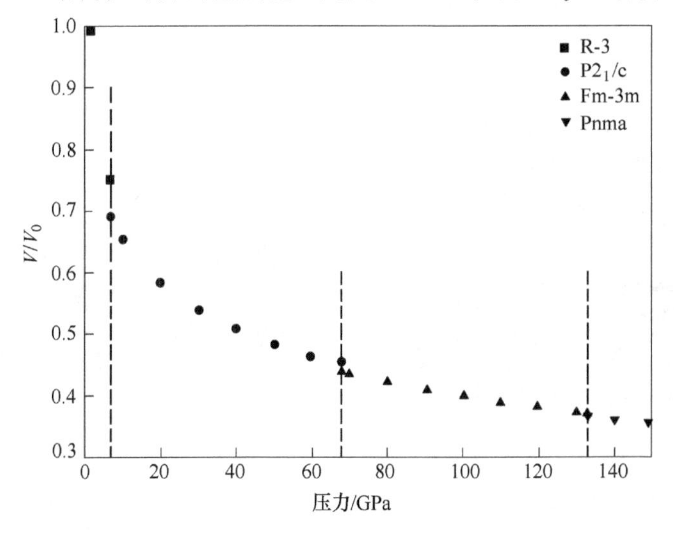

图 4-5 BiI_3 最稳定结构的相对体积（V/V_0）随压力的变化关系

（图中虚线代表相变界线）

力是 61GPa。材料由半导体转变成金属，这通常也意味着结构相变的发生。再一次证明了我们前面关于焓压关系的计算是可靠的。经过计算，在 68GPa 时，BiI_3 由 $P2_1/c$ 结构相变到 Fm-3m 结构体积减小 1.5%；在 133GPa 时，BiI_3 由 Fm-3m 结构相变到 Pnma 结构体积减小 1.3 %。由于在相变的时候，体积是不连续变化的，说明这三个高压相变都是一级相变。

4.3.4　BiI_3 的电子结构特征[28,29]

电子性质是了解不同结构材料的一个重要的手段，所以我们计算了 BiI_3 四种可能结构（R-3、$P2_1/c$、Fm-3m 和 Pnma）在零压和相变压下的电子性质。为了弄清楚电子性质和力学性质之间的关系，我们计算分析了能带、态密度和电子差分密度。

材料的弹性性质也由化学键的类型影响着。根据固体物理知识可知，共价键具有高方向性，可以充分抵抗弹性形变和塑性形变，大大优于离子键或金属键的抗形变能力。图 4-6 所示是 R-3 结构 BiI_3 的差分电荷密度图，可以更形象的观察到 BiI_3 的化学键性质。在图 4-6a 中可以清楚地看到，差分电荷密度平面里电荷无明显的集中现象，在 Bi、I 原子周围电荷分布有弱的重叠，并且 Bi、I 原子之间也未发现明显的轨道杂化现象，所以 Bi、I 原子间的化学键作用较弱。从图 4-6 中也可以看到，Bi 原子周围的电荷密度小于 I 原子，可以发生由 I 原子向 Bi 原子的电荷转移，即 Bi 原子会得到电子，而 I 原子会失去电子，Bi、I 原子之间存在典型离子键。

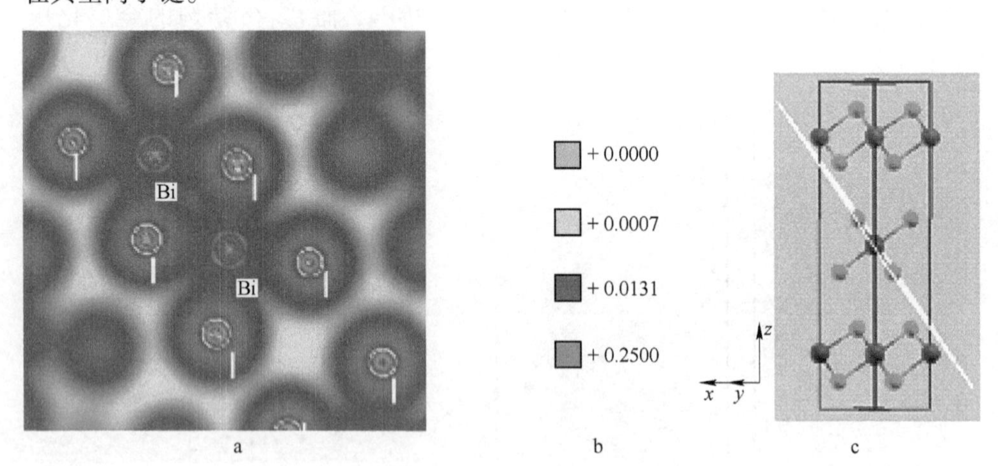

图 4-6　R-3 结构 BiI_3 的差分电荷密度图

a—R-3 结构的差分电荷密度；b—标度；c—白色平面代表图 a 中所绘制的平面

利用 Mulliken 电子布居分析，也可以了解 BiI_3 化学键的性质[28,29]。通过电子布居值的计算可知，Bi 原子带有+0.55e 的正电荷，I 原子带负电荷-0.18e，说明每个 Bi 原子失去电子 0.55e，而每个 I 原子得到电子 0.18。这恰恰表明 Bi、I 原子间存在典型的离子键。具有层状结构的 BiI_3 晶体，每一个 I-Bi-I 层同一平面层内的 Bi、I 原子之间是由离子键结合，所以 BiI_3 的块体模量 B 值较小，具有较强的可压缩性。此外，通过计算得出，BiI_3 晶体层与层之间沿 c 轴方向的 Bi-I 原子键长为 0.37nm，每一层内 Bi-I 原子键长为 0.3029nm。BiI_3 具有典型的层状结构，且原子间距较大都说明 Bi、I 原子间存在较弱的相互作用。例如，Bi-I 原子在层间的范德瓦尔斯力，在层内的离子键结合。这也暗示了沿 c 轴方向的电子密度比沿 ab 平面方向要弱，使得 c 轴方向电子排斥作用要弱于沿 a 轴或 b 轴方向。所以，零压下 c 轴方向的可压缩性比 a 轴或 b 轴方向要强，此结论正好同图 4-2 的分析结果一致。

在零压和相变压下，我们计算了 R-3、$P2_1/c$、Fm-3m 和 Pnma 结构的能带，如图 4-7 所示。从图 4-7a 中可以看出，零压下 R-3 结构的 BiI_3 是间接带隙半导

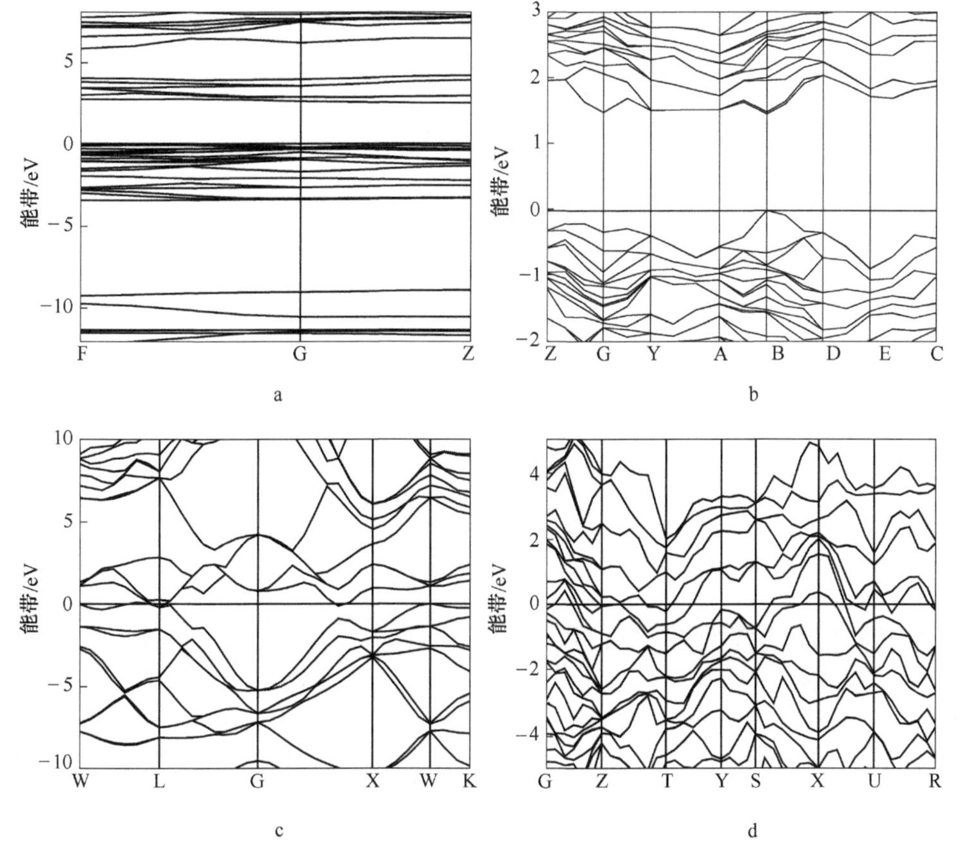

图 4-7　BiI_3 的能带

a—0GPa 下 R-3 结构；b—7GPa 下 $P2_1/c$ 结构；

c—68GPa 下 Fm-3m 结构；d—133GPa 下 Pnma 结构

体，零压时的带隙为 2.48eV，比文献[27]计算的结果（2.008eV）稍高。价带顶附近能带色散较小，表明电子分布比较局域。这也可以从相应的态密度分布中看出。比较图 4-7a 和 b 可以看到，R-3 和 $P2_1/c$ 结构的电子分布非常类似。这两个结构都有明显的带隙，是半导体。$P2_1/c$ 结构在 7GPa 时的带隙为 1.54eV。R-3 和 $P2_1/c$ 结构的带隙都是随着压力的增加而减小，如图 4-8 所示。R-3 结构在相变到 $P2_1/c$ 结构后发生金属化，金属化压力是 61GPa。由图 4-7c 和 d 可以看到，F-3m 和 Pnma 结构在相变压下都是金属，两个结构的电子分布是类似的。随着压力的增加价带和导带占有宽度变小，意味着电子分布更加局域。费米面处的态密度随压力的增加而增大，金属化程度加深。

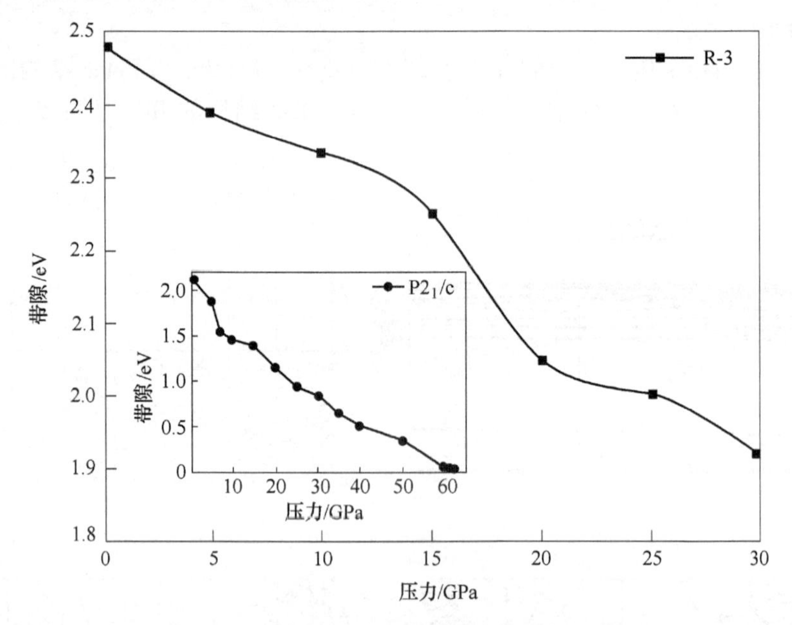

图 4-8 R-3 和 $P2_1/c$ 结构的带隙和压力的关系

在零压和相变压下，BiI_3 四种竞争结构（R-3、$P2_1/c$、Fm-3m 和 Pnma）的电子态密度（DOS）和原子的各分波态密度（PDOS）如图 4-9 所示。由图 4-9 中 a 和 b 可以看到，R-3 和 $P2_1/c$ 结构 BiI_3 在 Fimi 面附近的导带部分主要来自外层 Bi-*p* 和 I-*p* 电子的贡献。价带可以分成 3 个部分：−12~−9eV 价带部分主要来自 *s* 轨道电子的贡献；−4~−2eV 的价带部分来自外层 *p* 轨道电子的贡献；−2~0eV 的价带顶部主要来自 I-*p* 和少部分 Bi-*s* 轨道电子的贡献，I-*p* 和 Bi-*s* 间有弱的轨道杂化现象，所以 Bi-I 原子之间存在较弱的共价键。原子间存在的弱共价键使晶体的块体模量值较小。通过以上分析可知，Bi 原子和 I 原子之间既存在共价键也存在离子键。对于 F-3m 和 Pnma 结构，从价带到导带，费米能级附近主要是 Bi 和 I 的 *p* 电子的贡献。I 的 *p* 电子和 Bi 的 *s* 电子之间存在杂化，暗示了在 Bi 原子和 I 原子之间有共价键[28,29]。共价键的存在，有助于 BiI_3 对抗压缩，使 BiI_3 具有高的硬度。

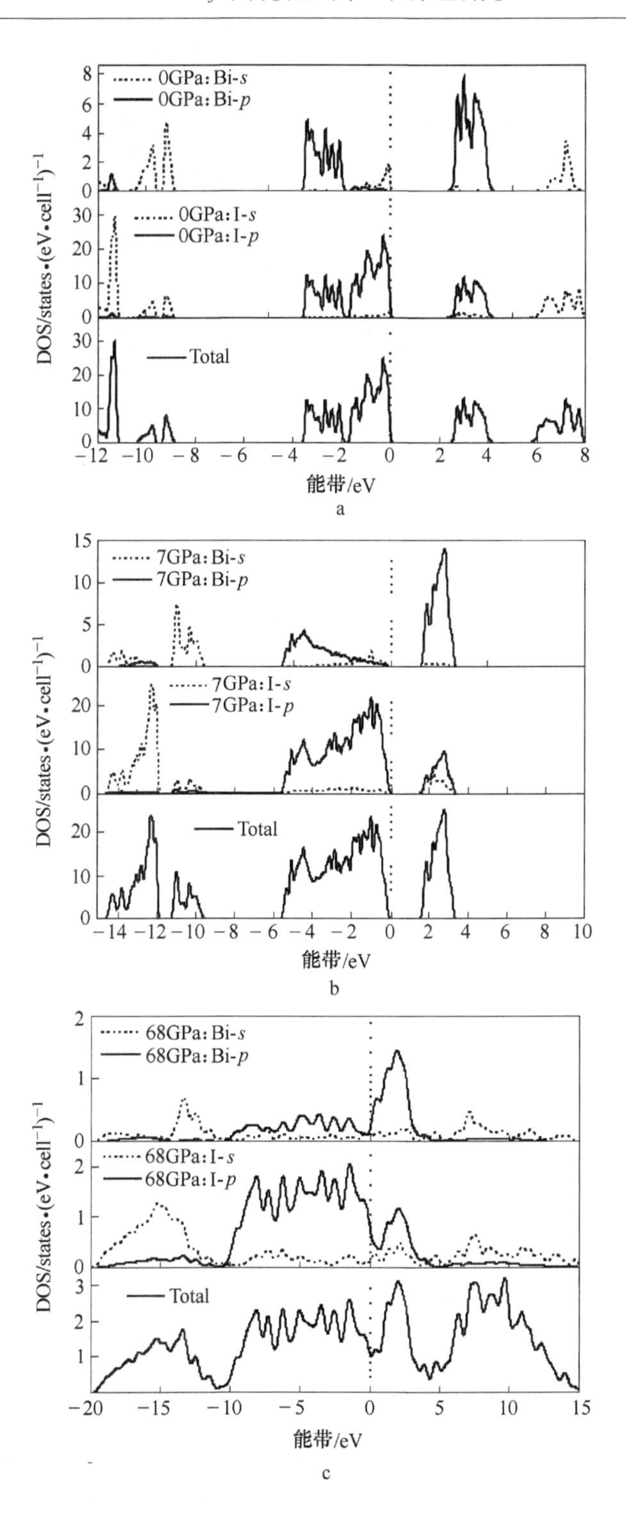
0GPa: Bi-s
0GPa: Bi-p
0GPa: I-s
0GPa: I-p
Total
DOS/states·(eV·cell⁻¹)⁻¹
能带/eV
a
7GPa: Bi-s
7GPa: Bi-p
7GPa: I-s
7GPa: I-p
Total
DOS/states·(eV·cell⁻¹)⁻¹
能带/eV
b
68GPa: Bi-s
68GPa: Bi-p
68GPa: I-s
68GPa: I-p
Total
DOS/states·(eV·cell⁻¹)⁻¹
能带/eV
c

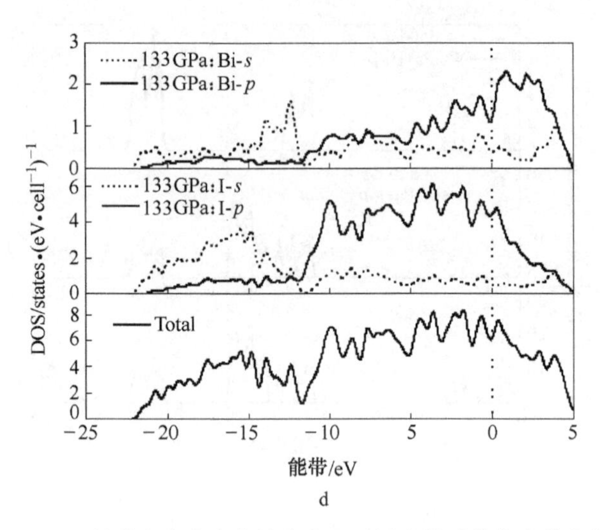

图 4-9　BiI_3 的总态密度和分波态密度（图中铅垂线代表费米能级）

a—0GPa 下 R-3 结构；b—7GPa 下 $P2_1/c$ 结构；

c—68GPa 下 Fm-3m 结构；d—133GPa 下 Pnma 结构

4.4　本章总结

我们利用第一性原理的方法对半导体材料 BiI_3 在压力下的晶体结构、力学性质、电子性质和可能发生的结构相变行为进行了研究，得到如下结论：

（1）绝对零压下，R-3 结构是 BiI_3 晶体的稳定结构。晶格优化后，晶体的平衡结构参数和实验值接近。

（2）零压下，BiI_3 晶体具有小的弹性模量，这与其强的可压缩性有关，这种强的可压缩性与晶体原子间弱的相互作用相关。计算得出，BiI_3 具有较大的剪切和压缩各向异性，所以，BiI_3 晶体表现出大弹性各向异性特征。通过对泊松比进行计算，说明 BiI_3 晶体的硬度较小，是脆性材料。

（3）首次从理论上确定了 BiI_3 的高压相变序列，在（0~150）GPa 压力的作用下，BiI_3 经历了三个结构转变：第 1 个转变是从 R-3 结构到 $P2_1/c$ 结构，转变压力为 7GPa；第 2 个结构转变是从 $P2_1/c$ 结构到 Fm-3m 结构，转变压力是 68GPa；第 3 个结构转变是从 Fm-3m 结构到 Pnma 结构，转变压力是 133GPa。结构相变时伴有体积的突变，三个高压相变都是一级相变。

（4）差分电荷密度图的分析表明，Bi-I 原子之间存在较弱的共价键，同时层内原子由离子键结合。通过对电子能带图和态密度图的分析可以看出，R-3 和 $P2_1/c$ 结构的电子分布非常类似，都是间接带隙半导体，零压下 R-3 结构的带隙是 2.48eV，$P2_1/c$ 结构在 7GPa 时的带隙为 1.54eV。带隙都是随着压力的增加而减小。R-3结构的 BiI_3 在相变到 $P2_1/c$ 结构后发生了金属化，金属化压力是61GPa。F-3m和Pnma结构的 BiI_3 都是金属，两个结构的电子分布是类似的。随着压力的增加价带和导带占有宽度变小，电子分布更加局域。费米面处的态密度随压力的增加而增大，金属化程度加深。

参 考 文 献

[1] Cuña A, Aguiar I, Gancharov A, et al. Correlation between growth orientation and growth temperature for bismuth tri-iodide films [J]. Cryst. Res. Technol., 2004, 39 (10): 899~905.

[2] Cuña A, Noguera A, Saucedo E, et al. Growth of bismuth tri-iodide platelets by the physical vapor deposition method [J]. Cryst. Res. Technol., 2004, 39 (10): 912~919.

[3] Wyckoff R W G. Crystal structures [M]. New York: Interscience, 1964.

[4] Trotter J, Zobel T. The crystal structure of SbI_3 and BiI_3 [J]. Z. Kristallogr, 1966, 123 (1): 67~72.

[5] Keller L, Nason D. Review of X-ray powder diffraction data of rhombohedral bismuth tri-iodide [J]. Powder Diffraction, 1996, 11 (2): 91~95.

[6] Krylova N O, Shekhmametev R I, Gurgenbekov M Y. Indirect transitions and the optical spectrum of BiI_3 ctrstals at low-temperatures [J]. Opt. Spectrosc., 1975, 38 (5): 545~547.

[7] Watanabe K, Karasawa T, Komatsu T, et al. Optical properties of extrinsic two-dimensional excitons in BiI_3 single crystals [J]. J. Phys. Soc. Jpn., 1986, 55 (3): 897~907.

[8] Kaifu Y. Excitons in layered BiI_3 single crystals [J]. J. Lumin., 1988, 42 (2): 61~81.

[9] Kaifu Y, Komatsu T. Optical properties of bismuth tri-iodide single crystals.: II. Intrinsic absorption edge [J]. J. Phys. Soc. Jpn., 1976, 40 (5): 1377~1382.

[10] Schlüter M, Cohen M L, Kohn S E, et al. Electronic structure of BiI_3 [J]. Phys. Status Solidi b, 1976, 78 (2): 737~747.

[11] Yorikawa H, Muramatsu S. Theoretical study of crystal and electronic structures of BiI_3 [J]. J. Phys.: Condens. Matter, 2008, 20 (32): 325220.

[12] Lifshitz E, Bykov L. Continuous-wave, microwave-modulated, and thermal-modulated photoluminescence studies of the BiI_3 layered semiconductor [J]. J. Phys. Chem., 1995, 99 (14): 4894~4899.

[13] Virko S, Petrenko T, Yaremko A, et al. Density functional and ab initio studies of the molecular structures and vibrational spectra of metal triiodides, MI_3 (M=As, Sb, Bi) [J]. Journal of Molecular Structure: Theochem, 2002, 582 (1): 137~142.

[14] Molnár J, Kolonits M, Hargittai M, et al. Molecular structure of SbI_3 and BiI_3 from combined electron diffraction and vibrational spectroscopic studies [J]. Inorg. Chem., 1996, 35 (26): 7639~7642.

[15] Sobolev V Val, Pesterev E V, Sobolev V V. Fine structure of the optical spectra of bismuth tri-

iodide [J]. Journal of Applied Spectroscopy, 2003, 70 (5): 748~752.

[16] Pinsker Z G. The electron diffraction analysis of BiI_3 and the modern ideas on the structure of the layered lattices [J]. Trudy Instituta kristallografii, Akademiya Nauk SSSR, 1952, 7 (1): 35~48.

[17] Keller L, Nason D. Review of X-ray powder diffraction data of rhombohedral bismuth tri-iodide [J]. Powder Diffraction, 1996, 11 (2): 91~95.

[18] Ravindran P, Fast L, Korzhavvi P A, et al. Density functional theory for calculation of elastic properties of orthorhombic crystals: Application to $TiSi_2$ [J]. J. Appl. Phys., 1998, 84 (9): 4891~4904.

[19] Born M, Huang K. Dynamical theory of crystal lattices [M]. Oxford: Clarendon Press, 1968.

[20] Hill R. The elastic behaviour of a crystalline aggregate [J]. Proc. Phys. Soc. A, 1952, 65 (5): 349~354.

[21] Anderson O L. A simplified method for calculating the debye temperature from elastic constants [J]. J. Phys. Chem. Solids, 1963, 24 (7): 909~917.

[22] Ranganathan S I, Ostoja-Starzewski M. Universal elastic anisotropy index [J]. Phys. Rev. Lett., 2008, 101 (5): 05504.

[23] Greis O, Martinez-Ripoll M. Preparation, temperature behaviour, and crystal structure of BiF_3 [J]. ZAAC, 1977, 436 (1): 105~112.

[24] Hund F, Fricke R. Der Kristallbau von BiF_3-alpha [J]. ZAAC, 1949, 258 (1): 198~204.

[25] Croatto U. Edifici cristallini con disordine reticolare. Fluoruro di plombio e bismuto. -Note II [J]. Gazzetta Chimica Italiana, 1944, 74 (1): 20~22.

[26] Pohl S, Saak W. Zur Polymorphie von Antimontriiodid. Die Kristallstruktur von monoklinem SbI_3 [J]. Zeitschrift für Kristallographie, 1984, 169 (1): 177~184.

[27] Kaifu Y, Komatsu T. Optical properties of bismuth tri-iodide single crystals. : II. Intrinsic absorption edge [J]. J. Phys. Soc. Jpn., 1976, 40 (5): 1377~1382.

[28] 孙霄霄，李敏君，赵祥敏，等. AsI_3 电子结构与弹性性质的第一性原理研究 [J]. 原子与分子物理学报，2015，31 (6)：16~21.

[29] 孙霄霄，李延龄，凌鹏飞. Li_3Bi 结构、力学和电子性质的第一性原理计算 [J]. 云南大学学报（自然科学版），2012，34 (1)：45~49.

5 高压下 Li_3Bi 物性的第一性原理研究

5.1 Li_3Bi 的研究现状

自从 20 世纪 90 年代 SONY 公司研制出 C/$LiCoO_2$电池以来，锂离子电池产业发展迅猛。然而，至今未能找到合适理想的电池正极材料。锂离子电池具有质量轻、放电电压高、能量密度高、循环寿命长、对环境较友好等显著优点，被广泛应用于手机、笔记本电脑等各种便携式电子产品中。目前，已经扩展到智能电网、分布式能源系统、电动汽车、国防和航空航天等多个应用领域[1~3]。富锂相正极材料（Li-Al，Li-Si，Li-Pb，Li-Sn，Li-Cd 和 Li-Zn）被认为是很好的电池正极材料，但是由于制作工艺的限制，至今仍没有取得显著的商业效益，这促使我们要探索更多更好的新型材料。对新型锂离子电池正极材料的探索研究，无论实验还是理论上在国内外都仍是一个热门课题。Li 和重金属所形成的锂化物具有良好的光子吸收特性，被认为是很好的电池正极候补材料[4]。锂化物 Li_3Bi 是由 Li 原子和重金属元素 Bi 结合形成的金属化合物，具有独特的物理和化学性质，引起了人们广泛的研究兴趣[5~10]。Li 元素作为电池中的成分被使用有以下两个原因：首先 Li 是质量较轻的原子，与许多惰性元素结合都可以形成稳定的金属化合物；其次在碱金属中 Li 的溶解度最小。如果溶解度过大会导致电极间 Li 离子的不可逆转移，甚至会引起电池内部的短路[11]。

早在 1935 年，Zintl 等人[12]已经开始研究 Li_3Bi 的晶体结构。他们利用 X 射线衍射法确定了 Li_3Bi 晶体是面心立方结构，空间群为 Fm-3m。1992 年，Tegze 等人[13]利用 LMTO（linearized muffin-tin orbital）方法对 Li_3Bi 的电子性质进行了初步的探索，理论研究的结果表明 Li_3Bi 是带隙为 1.4eV 的间接带隙半导体。2002 年，Wang Xianming 等人[4]合成了以 Bi 薄膜作电极的 Li_3Bi 合金。

对于 Li_3Bi 晶体，研究主要集中在其电子性质上，对其力学性质和结构相变的研究还没有相关的理论报道。

5.2 计算细节

本章利用基于第一性原理的平面波赝势方法对 Li_3Bi 的特性进行了分析，计算都采用 CASTEP 软件包来完成。交换-关联能选择广义梯度近似（GGA）来描述，选取了 PBE 势形式，电子和离子实之间的相互作用采用超软赝势（Ultrasoft）。平面波截止能量（cutoff energy）取为 360eV 以保证足够收敛。第一布里渊区 *k*-point 网格设置为 9×9×9 以确保体系总能量很好的收敛。所有可能结构在优化中都采用 BFGS 算法来完成能量最小化计算，最大的应力收敛标准设为 0.02GPa，总体能量的收敛标准是 5.0×10^{-6}eV/atom，原子间的最大受力收敛标准是 0.1eV/nm，原子的最大位移收敛标准为 5.0×10^{-5}nm，自洽（SCF）计算的收敛标准为 5.0×10^{-7}eV/atom。

5.3　结果与讨论

5.3.1　Li_3Bi 稳定结构的确定

Li_3Bi 的晶体结构如图 5-1 所示。Li_3Bi 具有面心立方（Fm-3m）结构[1]，在 Li_3Bi 的晶胞中包含有 4 个 Li_3Bi 分子单元，我们可以把 Li_3Bi 看作是由 Bi 原子构成的面心立方结构，Li 原子位于晶格中一个八面体和两个四面体的空隙处。在 Fm-3m 结构中，存在有两种不等价的锂（Li）原子，在图 5-1 中被记为 Li（1）和 Li（2）。由图 5-1 可以看到，每个 Li（1）原子都存在最近邻的 8 个 Li（2）原子，距离为 0.2834nm。每个 Li（2）原子有 4 个最近邻的 Bi 原子和 4 个 Li（1）原子，Li（2）原子与它们的最近邻距离为 0.2834nm。Li_3Bi 的晶胞中 Li（1）原子处于 Wyckoff 位置 4b(0.5，0.5，0.5)，而 Li（2）原子处于 8c（0.25，0.25，0.25）位置，4 个 Bi 原子位于 4a(0，0，0）位置。

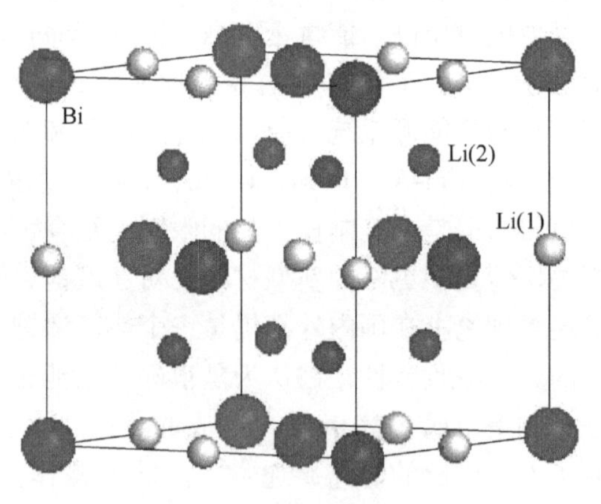

图 5-1　Fm-3m 相 Li_3Bi 模型
（黑色大球代表 Bi 原子，灰色小球代表 Li（1）原子，黑色小球代表 Li（2）原子）

我们构造了几十种 Li_3Bi 的可能结构，并计算了它们的焓去得到零压下最稳定结构。通过计算发现，零压下 Fm-3m 结构是 Li_3Bi 的最稳定的结构。选择的典型结构有：Li_3Bi(Fm-3m，225)、BiF_3(P-43m，215)、BiF_3(Pnma，62)、$AsBr_3$($P2_12_12_1$，19)、AsF_3($Pna2_1$，33)、$AsLi_3$($P6_3$/mmc，194)、$BiBr_3$($P2_1$/a，14)、AlH_3(R-3c，167)、NLi_3(P6/mmm，191)、BCl_3($P6_3$/m，176)、NaN_3(C2/m，12)、Cu_3N(Pm-3m，221）和 RbN_3(P4/mmm，123）等。我们将计算得到的零压下的相对焓和平衡结构参数列在表 5-1 中。

表 5-1 被计算的有代表性结构的结构参数和零压下的相对焓

空间群	ΔH/eV	晶格参数（nm）	原子分数坐标
Fm-3m	0	a=0.65460，b=0.65460，c=0.65460 α=90°，β=90°，γ=90°	Bi 4a（0.0000，0.0000，0.0000） Li 4b（0.2500，0.2500，0.2500）
P-43m	0.0041	a=0.65899，b=0.65899，c=0.65899 α=90°，β=90°，γ=90°	Bi 4e（0.7424，0.7424，0.7424） Li 1b（0.5000，0.5000，0.5000）
Pnma	0.0257	a=0.80941，b=0.83322，c=0.46793 α=90°，β=90°，γ=90°	Bi 4c（0.3371，0.2500，0.0004） Li 4c（0.5030，0.2500，0.5039）
$P2_12_12_1$	0.7614	a=1.07541，b=0.92223，c=0.34223 α=90°，β=90°，γ=90°	Bi 4e（0.4432，0.4462，0.4784） Li 4e（0.3122，0.6429，-0.0107）
$Pna2_1$	0.6108	a=0.95046，b=0.65098，c=0.62862 α=90°，β=90°，γ=90°	Bi 4a（0.3718，0.2601，0.1329） Li 4a（0.2189，0.5081，0.3491）
$P6_3$/mmc	0.0375	a=0.46821，b=0.46821，c=0.83372 α=90°，β=90°，γ=120°	Bi 2c（0.3333，0.6667，0.2500） Li 2b（0.0000，0.0000，0.2500）
$P2_1$/a	0.0175	a=0.93255，b=0.83407，c=0.46900 α=90°，β=119.388°，γ=90°	Bi 4e（0.3392，0.2500，0.8752） Li 4e（0.0064，0.2445，0.5389）
R-3c	1.1367	a=0.59103，b=0.59103，c=2.22437 α=90°，β=90°，γ=120°	Bi 6b（0.0000，0.0000，0.0000） Li 18e（0.8931，-0.3931，0.2500）
P6/mmm	2.5473	a=0.48984，b=0.48984，c=0.46402 α=90°，β=90°，γ=120°	Bi 1a（0.0000，0.0000，0.0000） Li 1b（0.0000，0.0000，0.5000）
$P6_3$/m	0.4257	a=0.71527，b=0.71527，c=0.45126 α=90°，β=90°，γ=120°	Bi 2c（0.3333，0.6667，0.2500） Li 6h（0.0455，0.3763，0.2500）
C2/m	1.0746	a=0.51575，b=0.51575，c=0.79230 α=90°，β=130.278°，γ=120°	Bi 2a（0.0000，0.0000，0.0000） Li 2d（0.0000，0.5000，0.5000）
Pm-3m	1.1312	a=0.52963，b=0.52963，c=0.52963 α=90°，β=90°，γ=90°	Bi 1a（0.0000，0.0000，0.0000） Li 3d（0.5000，0.0000，0.0000）
P4/mmm	1.8066	a=0.33497，b=0.33497，c=0.94572 α=90°，β=90°，γ=90°	Bi 1d（0.5000，0.5000，0.5000） Li 1a（0.0000，0.0000，0.0000）

表 5-2 中列出了优化后零压下 Fm-3m 结构 Li_3Bi 的平衡结构参数并与实验结果进行了比较。可以看出，计算采用 GGA 方法得到的平衡结构参数比 LDA 方法更接近实验结论，这就说明计算中采用 GGA 方法和设置的参数是正确可靠的。通常，应用 GGA 近似方法计算会高估晶格常数。

表 5-2 Fm-3m 结构的 Li_3Bi 的平衡结构参数

空间群	H/eV	V_0/nm^3	a，b，c/nm	ρ/g · cm^{-3}	文献
Fm-3m	-719.82864	67.44×10^{-3}	0.6461	5.66	本文（LDA）
	-726.55162	70.13×10^{-3}	0.6546	5.44	本文（GGA）
		75.46×10^{-3}	0.6708	5.06	[12]

注：a、b 和 c 是晶格常数，ρ 是密度，V_0是单胞的体积，H 是单分子的焓值。

5.3.2 Li_3Bi 的弹性特征

弹性常数对于分析材料的结构稳定性、硬度、化学键的性质、弹性各向异性特征、热力学性质等都具有很重要的作用。

零压下 Li_3Bi 的弹性常数 C_{ij}(GPa) 列于表 5-3 中。Li_3Bi 是面心立方（Fm-3m）结构的晶体，有 3 个独立的弹性常数（C_{11}，C_{44} 和 C_{12}）。对于稳定结构，其弹性常数要满足 Born-Huang 力学稳定标准[14]。立方结构晶体的力学稳定标准见表 5-4。计算表明，Fm-3m 结构 Li_3Bi 的弹性常数满足力学稳定条件，因此零压下为稳定结构。

表 5-3 Fm-3m 相 Li_3Bi 零压下的弹性常数 C_{ij}(GPa)、剪切模量 G(GPa)、块体模量 B(GPa)、杨氏模量 E(GPa)、泊松比 ν 和德拜温度 Θ_D(K)

空间群	C_{11}	C_{44}	C_{12}	B	G	E	ν	Θ_D
Fm-3m	43.7	46.2	23.4	30.2	25.5	59.6	0.17	312

表 5-4 立方结构（cubic）独立弹性常数和力学稳定标准

结构类型	独立弹性常数	力学稳定标准（零压下）
立方结构（cubic）	C_{11}，C_{12}，C_{44}	$(C_{11}-C_{12})>0$，$C_{11}>0$，$C_{12}>0$，$C_{44}>0$，$(C_{11}+2C_{12})>0$

弹性常数随压力的变化可以给出固体中作用力与结构稳定性之间的信息，如图 5-2 所示。从图 5-2 可以看出，零压下 C_{44} 比 C_{12} 大一些，C_{11} 比 C_{44} 或 C_{12} 要大很多，C_{44} 随压力变化较为缓慢，而 C_{11} 和 C_{12} 随压力的变化相对较快，C_{ij} 随压强的增加而线性增加。根据力学稳定标准可知，在 0~100GPa 压强范围内，Fm-3m 结构都是力学稳定的。

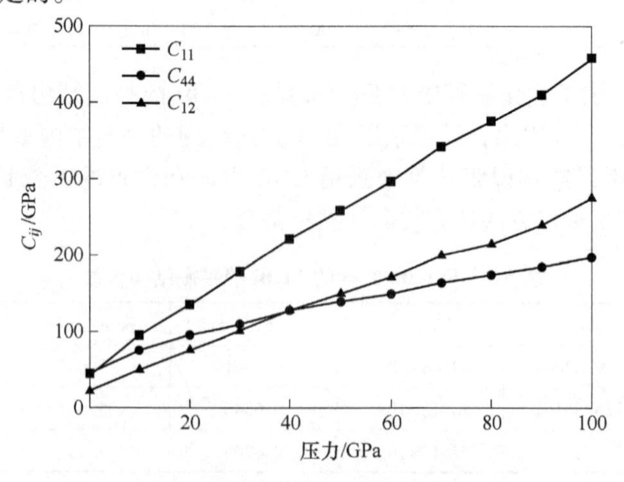

图 5-2 Fm-3m 结构的 Li_3Bi 弹性常数（C_{ij}）和压力的关系

已知晶体的弹性常数，就能计算出晶体的弹性模量。

对于立方晶系，有：

$$B_R = B_V = \frac{1}{3}(C_{11} + 2C_{12}) \tag{5-1}$$

$$5G_V = C_{11} - C_{12} + 3C_{44},\ \frac{5}{G_R} = 4(S_{11} - S_{12}) + 3S_{44} \tag{5-2}$$

利用 Voigt-Reuss-Hill 近似，根据第二章的公式（2-51）~式（2-60），我们计算出 Fm-3m 结构 Li_3Bi 的块体模量 B(GPa)、剪切模量 G(GPa)、杨氏模量 E(GPa)、泊松比 ν 和德拜温度 Θ_D(K)，计算结果列在表 5-3 中。

理论上，块体模量 B 和弹性常数 C_{44} 同材料的硬度密切相关，硬度表征了材料抵抗弹性和塑性形变的能力。大的块体模量和 C_{44}，说明 Li_3Bi 具有相对强的不可压缩性。我们计算的块体模量和 C_{44} 分别为 30.2GPa 和 46.2GPa，说明体系具有较弱的不可压缩性，硬度不是很强。为了进一步说明 Li_3Bi 在压力下的压缩特性，图 5-3 给出了相对体积 V/V_0 随压强变化的关系图。由图 5-3 中可以看到，当压力从 0GPa 升到 20GPa 时，体积随之坍缩了 29%，这证明 Li_3Bi 在压力下具有较强的可压缩性。

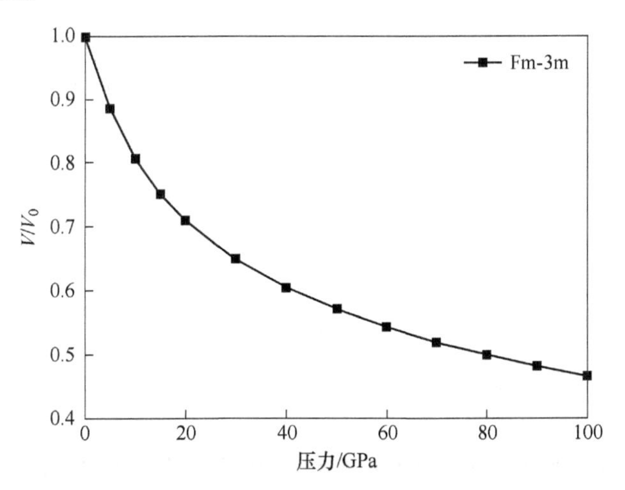

图 5-3　相对体积（V/V_0）和压力的关系

（V_0为零压下单个分子的体积）

我们也研究了 Li_3Bi 的高压结构行为，晶格参数 a/a_0 和 V/V_0 随压力变化如图 5-4 所示。由图 5-4 可以看出，晶格参数和单胞体积对压力是敏感的，a/a_0 和 V/V_0 随着压力的增加而减小。Li_3Bi 的可压缩性随着压力的增加是降低的，意味着这种材料适合在较大压力下应用。

通常，剪切模量 G 表征材料抵抗塑性形变的能力，大的剪切模量意味着原子

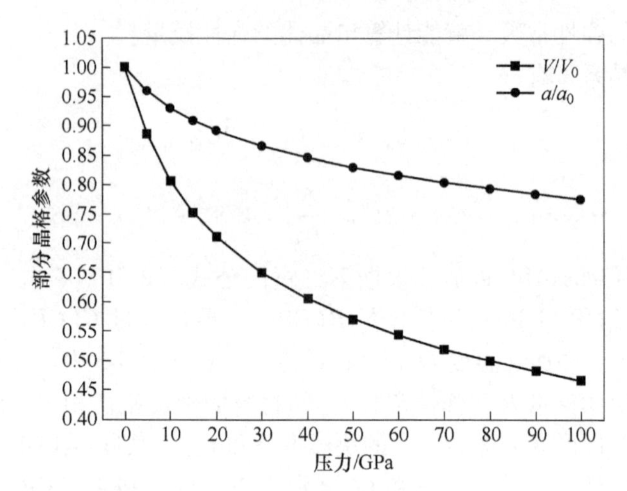

图 5-4　晶格参数（a/a_0）和相对体积（V/V_0）与压力的关系

（V_0为零压下单个分子的体积，a_0是零压下的晶格参数）

间存在较强的方向性键。我们计算的剪切模量为 25.5GPa，小的剪切模量意味着 Bi-Li 和 Li-Li 原子间具有较弱的方向性共价键。根据 Pugh 经验，B/G 的值越大，固体越软，延性越好。我们知道 $B/G=1.75$ 是判断脆性和延性材料的临界值。根据之前计算得到的块体模量和剪切模量，计算得出 Li_3Bi 的 $B/G=1.2$，说明 Li_3Bi 晶体是脆性材料。通常，泊松比值可以用来表征晶体对抗剪切的稳定性，也同材料的体积变化相关。Li_3Bi 的泊松比为 0.17，小的泊松比说明 Li_3Bi 在弹性形变过程中体积变化很大，在剪切上是相对稳定的，同时也反映了 Li_3Bi 具有小的弹性各向异性特征。通常，脆性材料的泊松比小于 1/3，这也再次说明了 Li_3Bi 具有脆性。另外，泊松比也提供了关于化学键结合性质的信息。对于中心力固体，$\nu=0.25$ 是下限值，$\nu=0.5$ 是上限值[15]，相当于具有无限大的弹性各向异性。低的 ν 值（$\nu=0.17$）暗示了这个材料是非中心力固体。

线膨胀系数的各向异性和弹性各向异性都可能诱发材料产生微裂痕[16]。因此，为了更好地了解材料的力学性质和提高材料的耐久性能，分析材料的弹性各向异性是十分重要的。所有已知的晶体都具有弹性各向异性特征，计算晶体的弹性各向异性在工程学上具有重要的含义。

对立方结构的晶体，所有方向的块体模量 B 都相同。因此，只用剪切模量 G 就可以描述晶体的弹性各向异性。可以通过剪切的百分比弹性各向异性因子 A_G 分析 Li_3Bi 晶体的弹性各向异性特征。

压缩的百分比弹性各向异性因子为：

$$A_B=\frac{B_V-B_R}{B_V+B_R}\tag{5-3}$$

剪切的百分比弹性各向异性因子为：

$$A_G = \frac{G_V - G_R}{G_V + G_R} \tag{5-4}$$

对于 Fm-3m 结构的 Li_3Bi，$A_B = 0$，$A_G = 0.25$，表明 Li_3Bi 具有小的剪切各向异性。我们计算得出 Fm-3m 结构的 Li_3Bi 的德拜温度是 312K。

5.3.3　Li_3Bi 电子结构特征

几何优化后，我们计算了 Li_3Bi 晶体的能带结构和电子态密度，结果如图 5-5 和图 5-6 所示。从图 5-5 中可知，导带底在布里渊区的 X 点，价带顶在布里渊区的 G 点，所以 Fm-3m 结构的 Li_3Bi 是间接带隙半导体，零压下价带顶和导带底之间的带隙为 0.45eV。

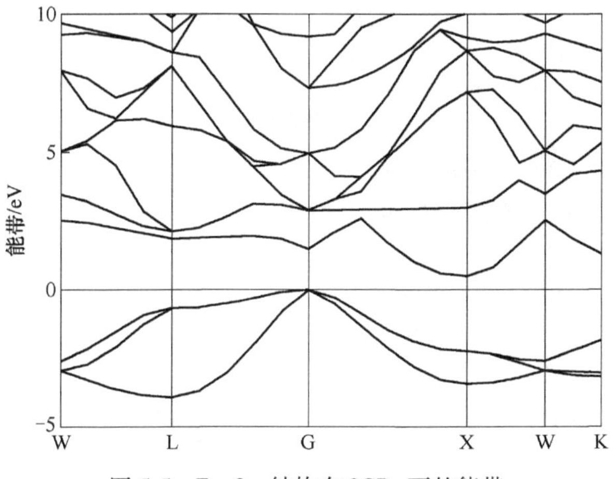

图 5-5　Fm-3m 结构在 0GPa 下的能带

从图 5-6 态密度图中可以看到，在−10eV、−3.5eV 附近有尖锐的峰形，表明电子的局域特征。价带主要分为两个部分：−11~−10eV 的下价带由 Bi-*s* 电子以及少量的 Li-*p* 电子贡献，*p*-*s* 轨道之间有杂化；−4~0eV 的上价带由 Bi-*p* 电子以及少部分的 Li-*p* 和 Li-*s* 轨道电子贡献，*p*-*s* 轨道之间有弱的轨道杂化现象，所以，Bi-I 原子之间存在弱共价键。导带底是由 Bi-*p*、Bi-*s*、Li-*p* 和 Bi-*p* 共同组成。另外，带隙会随着压力的增加而增大，这反应在图 5-7 中，说明在压力的作用下 Li_3Bi 没有由半导体转化为金属。

为了分析 Li_3Bi 化学键的性质，我们对原子和晶体的 Mulliken 电子布居数进行了计算，并在图 5-8 中画出了 Fm-3m 结构的 Li_3Bi(111) 晶面的差分电荷密度图。Bi 和 Li 原子的 Mulliken 布居分析见表 5-5，电子从 Li 原子转移到了 Bi 原子 1.04e，布居值说明 Li_3Bi 为离子键晶体。其中，定域在 Li(1) 和 Li(2) 原子的

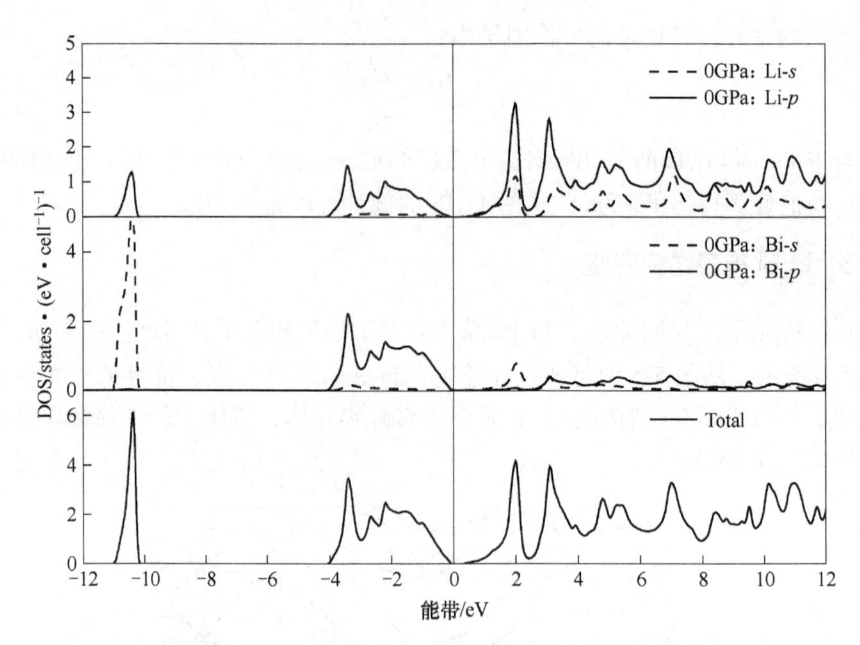

图 5-6　Fm-3m 结构 Li_3Bi 的总态密度（DOS）和原子的分波态密度（PDOS）图（图中铅垂线表示价带顶）

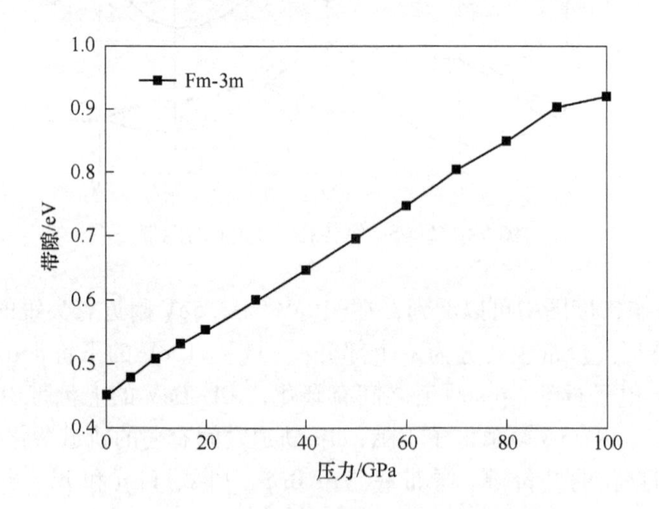

图 5-7　Fm-3m 结构 Li_3Bi 的带隙随压强变化图

电子数分别为 2.64e 和 2.66e，分别失去电子为 0.36e 和 0.34e，Li 原子仅仅失去部分价电子，失去电子的能力较弱，所以 Bi 原子和 Li 原子形成共价键。通常，晶体中电子云的重叠布居数为正表示成键，为负表示反键。Mulliken 布居数值越小，形成化学键的两个原子之间的离子作用越强，反之，Mulliken 布居值越大，化学键的共价性越强。从表 5-6 中可见，Li-Li 原子间键长较大，重叠布居数为 0.12，Li-Li 原子之间表现为共价键。Li-Bi 原子间键长较大，重叠布居数为 −0.37，Li-Bi 原子之间表现为离子键。Mulliken 布居值和相邻原子间的电荷密度是相对应的，大的 Mulliken 布居值对应着大的原子间电荷密度，从图 5-8 中也可以看出，Li-Bi 键为离子键和共价键的混合。

表 5-5 Bi 和 Li 原子的 Mulliken 布居分析

原子	离子	*s*	*p*	总电荷（e）	转移电荷（e）
Li	1	1.85	0.79	2.64	0.36
Li	2	1.74	0.92	2.66	0.34
Li	3	1.74	0.92	2.66	0.34
Bi	1	2.30	3.74	6.04	−1.04

表 5-6 Li_3Bi 晶体的 Mulliken 电子布居分析

键	布居值	键长/nm
Li-Li	0.12	0.283420
Li-Bi	−0.37	0.283420
Li-Bi	−0.37	0.283420
Li-Li	0.12	0.283420

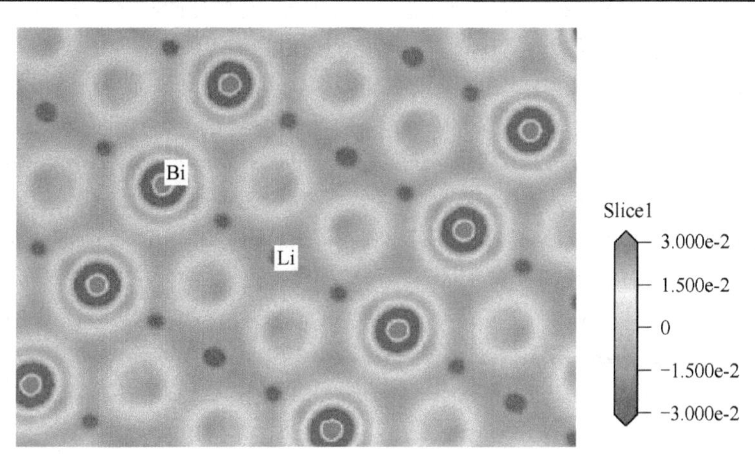

图 5-8 （111）晶面 Fm-3m 结构的 Li_3Bi 的差分电荷密度图

5.4 本章总结

本章通过基于赝势的第一性原理方法对压力下 Fm-3m 相 Li_3Bi 晶体的结构、弹性性质和电子特性进行了研究，得到的结论如下：

（1）晶格优化后，计算得到晶体的平衡结构参数和实验值很接近。绝对零压下，Fm-3m 结构是 Li_3Bi 晶体的最稳定结构。

（2）零压下，Fm-3m 结构的 Li_3Bi 的块体模量、剪切模量和杨氏模量分别为 30.2GPa，25.5GPa 和 59.6GPa，泊松比是 0.17，德拜温度是 312K。小的块体模量说明体系具有较强的可压缩性，小的剪切模量意味着 Bi-Li 和 Li-Li 原子间具有较弱的方向性共价键。Li_3Bi 是脆性材料，具有小的弹性各向异性特征。

（3）在 0~100GPa 压力区间内，Fm-3m 结构 Li_3Bi 是力学稳定的，没有发生结构相变。在更高压力下是否会发生结构相变，需要我们进一步的探索研究。

（4）通过对电子能带的计算发现：零压下，Li_3Bi 晶体的带隙是 0.45eV，它是带隙较窄的间接带隙半导体。随着压强的增大带隙是增加的，Li_3Bi 没有转化成金属。通过 Mulliken 电子布居数和差分电荷密度的分析表明，Li-Bi 原子之间的化学键是共价键和离子键的混合。

参 考 文 献

[1] 辛森，郭玉国，万立骏．高能量密度锂二次电池电极材料研究进展［J］．中国科学：化学，2011，41（8）：1229~1239.

[2] 廖文明，戴永年，姚耀春，等．4 种正极材料对锂离子电池性能的影响及其发展趋势[J]．材料导报，2008，22（10）：45~49.

[3] 储艳秋．锂离子电池薄膜电极材料的制备及其电化学性质研究［D］．上海：复旦大学，2003.

[4] Wang X M, Tatsuo N, Isamu U. Lithium alloy formation at bismuth thin layer electrode and its kinetics in propylene carbonate electrolyte [J]. J. Power Sources, 2002, 104 (1): 90~96.

[5] Villars P, Calvert L D. Pearson's handbook of crystallographic data for intermetallic phases [M]. Metals Park: American Society for Metals, 1985.

[6] Leonova M E, Sevast' yanova L G, Gulish O K, et al. New cubic phases in the Li-Na-Sb-Bi system [J]. Inorg. Mater., 2001, 37 (12): 1270~1273.

[7] Richardson T J. New electrochromic mirror systems [J]. Solid State Ionics, 2003, 165 (1): 305~308.

[8] Leonova M E, Bdikin I K, Kulinich S A, et al. High-pressure phase transition of hexagonal alkali pnictides [J]. Inorg. Mater., 2003, 39 (3): 266~270.

[9] Sangster J, Pelton A D. The Bi-Li (bismuth-lithium) system [J]. J. Phase Equilibria, 1991, 12 (4): 447~450.

[10] Kalarasse L, Bennecer B, Kalarasse F, et al. Pressure effect on the electronic and optical properties of the alkali antimonide semiconductors Cs_3Sb, KCs_2Sb, CsK_2Sb and K_3Sb: Ab initio study [J]. J. Phys. Chem. Solids, 2010, 71 (12): 1732~1741.

[11] Foster M S, Wood S E, Crouthamel C E. Thermodynamics of binary alloys. I. The lithium-bismuth system [J]. Inorg. Chem., 1964, 3 (10): 1428~1431.

[12] Zintl E, Brauer G. Konstitution der lithium-wismut-Legierungen [J]. Z. Elektrochem., 1935, 41 (5): 297~303.

[13] Tegze M, Hafner J. Electronic structure of alkali-pnictide compounds [J]. J. Phys.: Condens. Matter, 1992, 4 (10): 2449~2474.

[14] Born M, Huang K. Dynamical theory of crystal lattices [M]. Oxford: Clarendon Press, 1968.

[15] Ravindran P, Fast L, Korzhavvi P A, et al. Density functional theory for calculation of elastic properties of orthorhombic crystals: Application to $TiSi_2$ [J]. J. Appl. Phys., 1998, 84 (9): 4891~4904.

[16] Pohl S, Saak W. Zur Polymorphie von Antimontriiodid. Die Kristallstruktur von monoklinem SbI_3 [J]. Zeitschrift für Kristallographie, 1984, 169 (1): 177~184.

[17] Courtney I A, Dahn J R. Key factors controlling the reversibility of the reaction of lithium with SnO_2 and Sn_2BPO_6 glass [J]. J. Electrochem. Soc., 1997, 144 (9): 2943~2948.

[18] Green M, Fielder E, Scrosati B, et al. Structured silicon anodes for lithium battery applications [J]. Electrochemical and Solid-State Letters, 2003, 6 (5): 3576~3582.

[19] Zhou G T, Palchik O, Pol V G, et al. Microwave-assisted solid-state synthesis and characterization of intermetallic compounds of Li_3Bi and Li_3Sb [J]. J. Mater. Chem. 2003 (13): 2607~2611.

[20] Sun X X, Li Y L, Ling P F. The structural, elastic and electronic properties of Li_3Bi: first-principles calculations [J]. Journal of Yunnan University, 2012, 34 (1): 45~49.

[21] Segall M D, Lindan P J D, Probert M J, et al. First-principles simulation: ideas, illustrations and the CASTEP code [J]. J. Phys.: Cond. Matt., 2002 (14): 2717~2728.

[22] Schreiber E, Anderson O L, Soga N, Elastic constants and their measurement [J]. first ed., McGraw-Hill Education, New York, 1974.

[23] Li Y L, Zeng Z. Potentia ultra-incompressible material ReN: first-principles prediction [J]. Solid State Commun. 2009 (149): 1591~1595.

[24] Sun X X, Li Y L, Zhong G H, et al. The structural, elastic and electronic properties of BiI_3: First-principles calculations [J]. Physica B, 2012 (407): 735~739.

[25] Vajeeston P, Ravindran P, Ravi C, et al. The electronic structure, magnetic and ground state properties of AlB_2-type transition-metal diborides [J]. Phys. Rev. B 2001 (63): 045115~045127.

6 SbI_3 结构和力学性质的第一性原理计算

6.1 SbI_3的研究现状

目前，电子产业迅猛发展，探索新的层状结构材料成为一个重要课题。含有 Bi 和 Sb 的金属卤化物，包括 SbI_3引起了人们浓厚的研究兴趣。SbI_3具有相对大的带隙，高密度，大的原子量，强离子键和强各向异性，被广泛用于冶金行业、纳米技术、半导体材料和卤素灯制作中[1,2]。另外，SbI_3光敏薄膜已经被应用于信息存储和高分辨率的图像存储[3]。SbI_3晶体是空间群为 R-3 的三角结构，每个 SbI_3分子中含有 4 个价电子，Sb 原子与周围的 3 个 I 原子成键构成稍微扭曲的八面体。三角结构的 SbI_3也可以被看成是由 I-Bi-I 平面构成的三层堆积结构。I-I 层间由弱的范德瓦尔斯力结合。近年，人们广泛关注于这种材料的光学性质和振动谱，至今还未有关于 SbI_3弹性常数的实验数据。系统深入研究 SbI_3这种材料的物理性质，对充分应用这种材料是非常必要的。

本章采用基于密度泛涵理论的平面波超软赝势方法，首先通过计算零压下两种晶体结构的体系总能，确定出 SbI_3晶体在零压下的稳定结构，然后计算出零压下稳定结构的弹性常数，进而计算出块体模量 B 值、剪切模量 G 值和杨氏模量 E 值等相关力学物理量。最后，分析稳定结构的力学稳定性和弹性各向异性特性。目前的研究为进一步的实验提供了有益的线索，具有重要的指导意义。

6.2 计算细节

本章采用基于平面波展开的赝势第一性原理方法对 SbI_3进行了研究，所有的计算工作都使用 CASTEP 软件包来完成[4]。电子和离子实之间的相互作用采用超软赝势（USPP）来描述。平面波截断能取为 260eV。对于交换关联势部分，我们采用 GGA 下的 PBE 形式的平面波赝势。通常，采用 GGA 近似进行计算，会高估晶格常数，采用 LDA 近似进行计算，会低估晶格常数。在结构优化中，原子的最大位移标准设为 5.0×10^{-5}nm，能量的收敛标准取为 5.0×10^{-6}eV/atom，最大应力收敛标准取为不大于 0.02GPa。原子的最大位移设成 5.0×10^{-5}nm，最大原子受力标准为 0.1eV/nm。自洽计算的收敛标准设为 5.0×10^{-7}eV/atom。布里渊区的 K 点网格取为 5×5×5。

6.3 结果与讨论

SbI_3具有三角结构和单斜结构，对应的空间群分别为 R-3(No. 148) 和 $P2_1/c$ (No. 14)，晶体结构如图 6-1 所示。在 R-3 结构中，每个单胞都包含 2 个 SbI_3分子式，Sb 原子占据 Wyckoff 的 6c 位置，I 原子位于 18f 位置。在 $P2_1/c$ 结构中，每个单胞都包含 4 个 SbI_3分子式，Sb 原子和 I 原子都占据 Wyckoff 的 4e 位置。表 6-1 列出了理论模拟的常压下 R-3 和 $P2_1/c$ 结构的晶格参数以及可用的实验值。为了比较两种结构的相对热力学稳定性，我们计算了常压下这两个结构的焓，从表 6-1 可以看出：R-3 结构的焓相对较低，这说明在常压下 R-3 结构热力学更稳定。

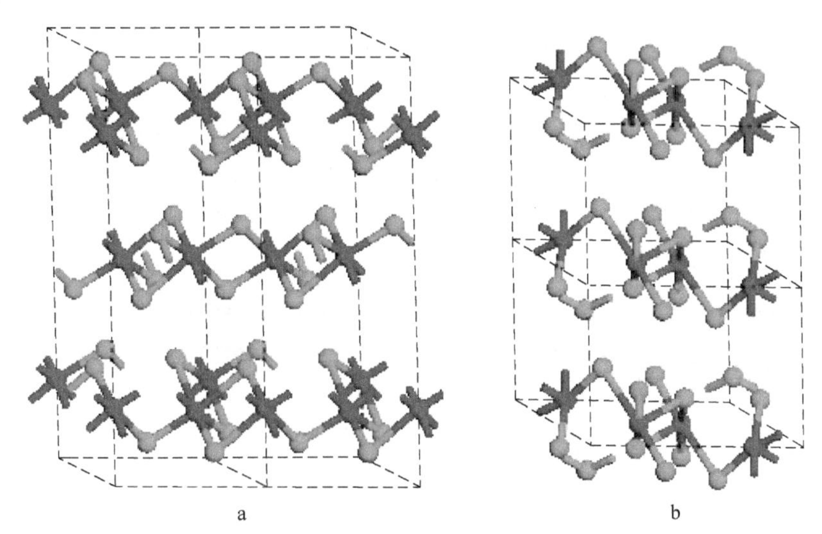

图 6-1 SbI_3的晶体结构图（黑色小球表示 Sb 原子，灰色小球表示 I 原子）

a—R-3 相；b—$P2_1/c$ 相

表 6-1 R-3 和 $P2_1/c$ 结构 SbI_3的平衡结构参数

空间群	文献	H /eV	V_0 /nm^3	a /nm	b /nm	c /nm	ρ/g·cm^{-3}	原子分数坐标
R-3	GGA	−1105.077	176.6×10^{-3}	7.535	7.535	21.553	4.72	Sb 6c (0.0000, 0.0000, 0.1782) I 18f (0.3347, 0.3170, 0.0845)
	Expt. [5]		168.9 ×10^{-3}	7.482	7.482	20.900	4.94	Sb 6c (0.0000, 0.0000, 0.1820) I 18f (0.3415, 0.3395, 0.0805)
$P2_1/c$	GGA	−1104.883	186.2 ×10^{-3}	7.667	11.422	8.954	4.48	Sb 4e (0.0534, 0.8346, 0.1961) I 4e (0.2127, 1.0493, 0.1954) I 4e (−0.2075, 0.9116, 0.3240) I 4e (0.3282, 0.7504, 0.4548)

续表 6-1

空间群	文献	H /eV	V_0 /nm³	a /nm	b /nm	c /nm	ρ/g·cm⁻³	原子分数坐标
$P2_1/c$	Expt. [6]	−1104.883	166.9×10^{-3}	7.281	10.902	8.946	4.50	Sb 4e (0.0467, 0.8299, 0.1909) I 4e (0.2239, 1.0559, 0.2007) I 4e (−0.2205, 0.9118, 0.3242) I 4e (0.3406, 0.7479, 0.4610)

注：a、b 和 c 是晶格常数，V_0是单胞的体积，ρ 是密度，H 是单个分子的焓值。

弹性常数对于分析材料的结构稳定性、硬度、化学键的性质、弹性各向异性特征、热力学性质等都具有很重要的作用。我们计算的 SbI_3在常压下的弹性常数，结果见表 6-1。对于稳定的三角结构，有六个独立的弹性常数（C_{11}，C_{12}，C_{13}，C_{14}，C_{33}和 C_{44}），需要满足的力学稳定准则是：$C_{33}>0$，$C_{44}>0$，$C_{11}-|C_{12}|>0$，$(C_{11}+C_{12})C_{33}-2C_{13}^2>0$，$(C_{11}-C_{12})C_{44}-2C_{14}^2>0$。

计算表明，R-3 结构在常压下满足力学稳定标准，是力学稳定的。

根据 Voigt-Reuss-Hill 理论（VRH）[7]，由以下公式可以计算出块体模量 B(GPa)、剪切模量 G(GPa)、杨氏模量 E(GPa)、泊松比 ν 和德拜温度 Θ_D(K)，计算结果见表 6-2。

表 6-2 零压下，R-3 结构 SbI_3的弹性常数 C_{ij}(GPa)、剪切模量 G(GPa)、块体模量 B(GPa)、杨氏模量 E(GPa)、泊松比 ν 和德拜温度 Θ_D(K)

空间群	文献	C_{11}	C_{33}	C_{44}	C_{12}	C_{13}	C_{14}	B	G	E	ν	Θ_D
R-3	GGA	49.3	39.8	21.3	16.2	20.5	−9.1	28.1	15.2	38.6	0.27	197

$$B_V=\frac{1}{9}(2C_{11}+C_{33}+2C_{12}+4C_{13}) \tag{6-1}$$

$$15G_V=(2C_{11}+C_{33})-(C_{12}+2C_{13})+3[2C_{44}+(C_{11}-C_{12})/2] \tag{6-2}$$

$$1/B_R=(2S_{11}+S_{33})+2(S_{12}+2S_{13}) \tag{6-3}$$

$$15/G_R=4(2S_{11}+S_{33})-4(S_{12}+2S_{13})+3(2S_{44}+S_{66}) \tag{6-4}$$

$$G=(G_R+G_V)/2,\ B=(B_R+B_V)/2 \tag{6-5}$$

$$E=\frac{9BG}{3B+G},\ \nu=\frac{3B-2G}{6B+2G} \tag{6-6}$$

B_V和 G_V分别表示 Voigt 理论下的块体模量和剪切模量，B_R和 G_R分别表示 Reuss 理论下的块体模量和剪切模量。小的块体模量，意味着体系具有相对弱的不可压缩性。泊松比 ν 可以用来表征晶体对抗剪切的稳定性，也同材料的体积变化相关。SbI_3的泊松比为 0.27，大的泊松比说明 SbI_3在弹性形变过程中体积变化很大，在剪切上是相对不稳定的，同时也反映了 SbI_3具有大的弹性各向异性特征。为了证明 SbI_3的压缩特性，我们计算了其相对体积随压力变化的关系，如图

6-2 所示。从图 6-2 中可看出，压力从 0 增加到 50GPa，体积坍缩了 50%，证明体系具有较强的可压缩性。

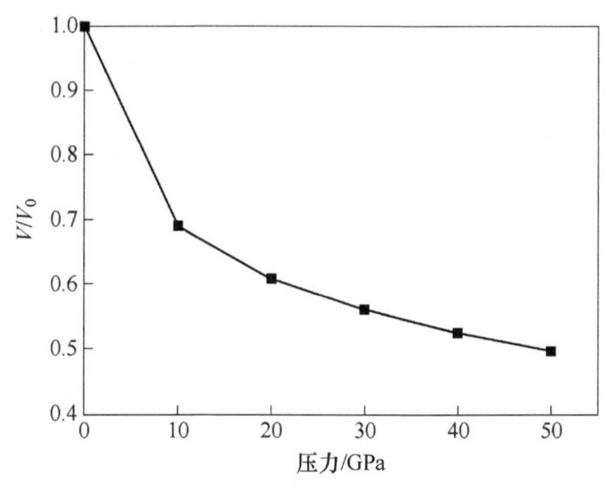

图 6-2　相对体积（V/V_0）和压力的关系
（V_0为常压下单个分子的体积）

杨氏模量可以表征固体的硬度，E 值越大，材料的硬度就越大。我们计算的杨氏模量为 38.6GPa，说明 SbI_3硬度不高。根据 Pugh 经验[8]，B/G 的值越大，固体越软，延性越好。我们知道 $B/G=1.75$ 是判断脆性和延性材料的临界值。通过比较块体模量和剪切模量，我们计算得到的 R-3 结构 SbI_3的 $B/G=1.85$，表明这个材料不是脆性材料。线膨胀系数的各向异性和弹性各向异性都可能诱发材料产生微裂痕[9]。因此，为了更好地了解材料的力学性质和提高材料的耐久性能，分析材料的弹性各向异性是十分重要的。最近，用弹性各向异性因子 A^u来表征晶体的各向异性特征。$A^u = 5\frac{G_V}{G_R} + \frac{B_V}{B_R} - 6$，我们计算得到 R-3 结构 SbI_3的 A^u值为 1.6，这个值大大偏离零值，再次暗示了这个材料的大的弹性各向异性特征。德拜温度可以粗略指出晶格振动中声子振动频率的数量级，计算得到 Θ_D 为 197K，公式如下：

$$\Theta_D = \frac{h}{k}\left(\frac{3n}{4\pi} \times \frac{N_A\rho}{M}\right)^{\frac{1}{3}} v_m \qquad (6\text{-}7)$$

6.4 本章总结

利用基于密度泛函理论的第一性原理方法研究了 SbI_3的结构和力学性质。计算得到的平衡结构参数与实验值符合的很好。通过对焓和弹性常数的计算证实了 R-3 结构的 SbI_3是零压下最稳定的结构。对于稳定结构，其弹性常数要满足 Born-Huang 力学稳定标准。我们也计算解了 R-3 相 SbI_3的块体模量、剪切模量和杨氏模量，我们发现 SbI_3具有大的弹性各向异性特征，较强的不可压缩性，具有好的延展性。

参 考 文 献

[1] Virko S, Petrenko T, Yaremko A, et al. Density functional and ab initio studies of the molecular structures and vibrational spectra of metal triiodides, MI_3 (M=As, Sb, Bi) [J]. Journal of Molecular Structure: Theochem, 2002, 582 (1): 137~142.

[2] Mady K H A, Eid A H, Soliman W Z J. Electrical conductivity of antimony triiodide films [J]. Mater. SciLett., 1987, 6: 211~213.

[3] Miroslawa K, Marian N, Piotr D, et al. Optical properties of SbI_3 single crystalline platelets [J]. Optical Materials, 2011, 33: 1753~1759.

[4] Segall M D, Lindan P J D, Probert M J, et al. First-principles simulation: ideas, illustrations and the CASTEP code [J]. J. Phys.: Cond. Matt., 2002, 14 (1): 2717~2728.

[5] Trotter J, Zobel T. The crystal structure of SbI_3 and BiI_3 [J]. Z. Kristallogr, 1966, 123 (1): 67~72.

[6] Pohl S, Saak W. Zur Polymorphie von Antimontriiodid. Die Kristallstruktur von monoklinem SbI_3 [J]. Zeitschrift für Kristallographie, 1984, 169 (1): 177~184.

[7] Hill R. The elastic behaviour of a crystalline aggregate [J]. Proc. Phys. Soc. A, 1952, 65 (5): 349~354.

[8] Ravindran P, Fast L, Korzhavvi P A, et al. Density functional theory for calculation of elastic properties of orthorhombic crystals: Application to $TiSi_2$ [J]. J. Appl. Phys., 1998, 84 (9): 4891~4904.

[9] Sun X X, Li Y L, Zhong G H, et al. The structural, elastic and electronic properties of BiI_3: First-principles [J]. Phys. B, 2012, 407 (4): 735~739.

7 AsI_3 电子结构与弹性性质的第一性原理研究

7.1 引言

碘化砷（AsI_3）是菱方结构的，空间群为 R-3。三层密堆积结构的碘化砷（AsI_3）晶体的每一层都是由 I-As-I 平面构成。其中，碘（I）原子形成了八面体结构，并且近似地成六角密堆积排列。砷（As）原子周围存在 3 个最近邻的碘（I）原子，但是，砷（As）原子远离碘（I）原子形成的八面体的中心。

目前，具有层状结构的半导体化合物仍然吸引了科学家的眼光，我们研究的化合物 BiI_3、SbI_3和 AsI_3都具有这种特性[1~3]。人们对碘化砷（AsI_3）晶体的研究还停留在其结构特性上[4,5]。1996 年，通过拉曼散射实验，Anderson 等人测得 AsI_3在 1.6GPa 时具有结构相变行为[8]。2000 年，利用拉曼散射实验，设定温度为 77K，Saitoh 等人通过金刚石压砧技术将压力升到 1.66GPa 观察到 AsI_3具有结构相变行为[9]。2002 年，使用第一性原理理论计算，Virko 等人计算了金属碘化物 MI_3(M=Bi、Sb 和 As）的分子结构[6]。2010 年，Trotter 等人计算了晶格常数值，a、b 是 0.7208nm，c 是 2.1436nm[7]。目前，科学家对 AsI_3晶体性质的研究还远远不够，还没有人对 AsI_3晶体的弹性常数进行测定，AsI_3电子性质的报道也少见。AsI_3在高压下的完整结构相变行为至今也未有人研究。所以，我们利用第一性原理赝势方法对 AsI_3的相关性质进行计算研究。

7.2 理论方法

本章利用基于第一性原理的平面波赝势方法对 AsI_3的特性进行了分析，计算都采用 CASTEP 软件包来完成[10,11]。交换-关联能选择广义梯度近似（GGA）来描述，选取了 PBE 势形式，电子和离子实之间的相互作用采用超软赝势（Ultrasoft)。平面波截止能量（cutoff energy）取为 320eV 以保证足够收敛[12,13]。所有可能结构在优化中都采用 BFGS 算法来完成能量最小化计算，最大的应力收敛标准设为 0.02GPa，总体能量的收敛标准是 5.0×10^{-6}eV/atom，原子间的最大受力收敛标准是 0.1eV/nm，原子的最大位移收敛标准为 5.0×10^{-5}nm，自洽（SCF）计算的收敛标准为 5.0×10^{-7}eV/atom。

在 Voigt-Reuss-Hill（VRH）理论[14]下，根据测量或计算出的弹性常数，可以利用下面的式（7-1）~式（7-10）计算出剪切模量 G(GPa)、块体模量 B(GPa)、泊松比 ν、杨氏模量 E(GPa) 和德拜温度 Θ_D(K)。根据 Voigt 理论和 Reuss 理论，可以计算弹性模量。B_V表示 Voigt 理论下的块体模量，G_V表示 Voigt 理论下的剪切模量，B_R表示 Reuss 理论下的块体模量，G_R表示 Reuss 理论下的剪切模量。

根据 Voigt 理论，B_V和 G_V可以分别被表示为：

$$9B_V = (C_{11} + C_{22} + C_{33}) + 2(C_{12} + C_{23} + C_{31}) \tag{7-1}$$

$$15G_V = (C_{11} + C_{22} + C_{33}) - (C_{12} + C_{23} + C_{31}) + 3(C_{44} + C_{55} + C_{66}) \tag{7-2}$$

在 Reuss 理论下，B_R和 G_R被定义为：

$$1/B_R = (S_{11} + S_{22} + S_{33}) + 2(S_{12} + S_{23} + S_{31}) \tag{7-3}$$

$$15/G_R = 4(S_{11} + S_{22} + S_{33}) - 4(S_{12} + S_{23} + S_{31}) + 3(S_{44} + S_{55} + S_{66}) \tag{7-4}$$

$$B_V = \frac{1}{9}(2C_{11} + C_{33} + 2C_{12} + 4C_{13}) \tag{7-5}$$

$$15G_V = (2C_{11} + C_{33}) - (C_{12} + 2C_{13}) + 3[2C_{44} + (C_{11} - C_{12})/2] \tag{7-6}$$

$$1/B_R = (2S_{11} + S_{33}) + 2(S_{12} + 2S_{13}) \tag{7-7}$$

$$\frac{15}{G_R} = 4(2S_{11} + S_{33}) - 4(S_{12} + 2S_{13}) + 3(2S_{44} + S_{66}) \tag{7-8}$$

通常，采用 Hill 平均来计算 B 和 G，如下式：

$$G = (G_R + G_V)/2,\ B = (B_R + B_V)/2 \tag{7-9}$$

对于各向同性材料，杨氏模量 E 和泊松比 ν 可由下式估算：

$$E = \frac{9BG}{3B + G},\ \nu = \frac{3B - 2G}{2(3B + G)} \tag{7-10}$$

7.3 计算结果与讨论

7.3.1 晶体结构

我们计算使用的模型是具有菱方结构、空间群为 R-3 的碘化砷（AsI_3）晶体。在碘化砷（AsI_3）晶体中，每个晶胞都有 2 个砷（As）原子和 6 个碘（I）原子。AsI_3的晶体结构如图 7-1 所示。几何优化后，我们利用第一性原理计算得出的零压时 R-3 结构 AsI_3晶体的晶格参数和前人测得的实验值见表 7-1。从表 7-1 可以看到：我们计算的晶格常数是 $a=b=0.7421$nm，前人实验测量得到的实验值是 $a=b=0.7248$nm，偏差为 2.4%。我们计算得到 $c=2.2127$nm 与实验值 $c=2.1548$nm 的误差为 2.7%。晶格常数计算值与实验值吻合的很好，表明我们选择的计算方法是合理的。通常，选择 GGA 近似计算会高估晶格常数，我们计算的结论也符合这个特征。在 R-3 结构的碘化砷（AsI_3）晶体中，2 个 As 原子位于 Wyckoff 的 6c（0.1913，0.1913，0.1913）位置，6 个 I 原子处于 Wyckoff 的 18f（0.4362，0.0551，−0.2325）位置。

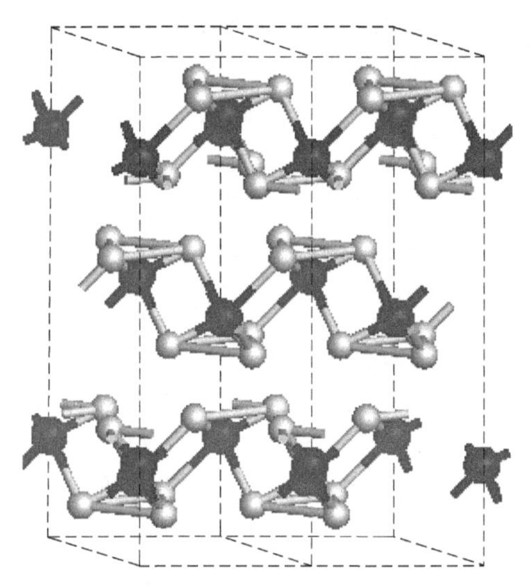

图 7-1 空间群为 R-3 的 AsI_3 晶体结构图
（黑色小球代表砷（As）原子，灰色小球代表碘（I）原子）

表 7-1 AsI_3 晶体的均衡结构参数

空间群	H/eV	V_0/nm³	a/nm	c/nm	ρ/g · cm⁻³	参考文献
R-3	-1125.396	175.9×10^{-3}	7.421	22.127	4.30	理论计算
		163.4×10^{-3}	7.248	21.547	4.63	实验值［15］

注：a、c 是晶格常数，V_0是晶体单胞体积，密度是ρ，H 表示单个分子的焓值。

7.3.2 弹性特征

固体的弹性特征非常重要，与热力学参数密切相关，也能对各种固态现象进行预测[16]。弹性常数对于分析材料的结构稳定性、硬度、化学键的性质、弹性各向异性特征、热力学性质等都具有很重要的作用。

零压下，R-3 结构的 AsI_3 晶体的弹性常数见表 7-2。根据计算得到的弹性常数，并利用 Voigt-Reuss-Hill 理论可以计算得出块体模量 $B=14.2$GPa，剪切模量 $G=9.8$GPa，杨氏模量 $E=23.9$GPa，泊松比 $\nu=0.22$。但是，到目前为止还查不到反映 AsI_3 晶体弹性特征的实验值或理论计算的数据，无法和我们计算得到的结果进行比对。

表 7-2 零压下，R-3 结构的 AsI_3 晶体的弹性常数 C_{ij}(GPa) 和德拜温度 Θ_D(K)

空间群	C_{11} /GPa	C_{33} /GPa	C_{44} /GPa	C_{12} /GPa	C_{13} /GPa	C_{14} /GPa	Θ_D /K
R-3	37.4	14.1	10.0	13.1	7.4	-2.9	163

具有菱方结构的晶体，存在着 6 个独立弹性常数 C_{11}，C_{12}，C_{13}，C_{14}，C_{33} 和 C_{44}，判断晶体是否稳定的 Born-Huang 力学稳定准则是[17]：

$$
\begin{aligned}
&C_{33} > 0,\ C_{44} > 0,\ C_{11} - |C_{12}| > 0 \\
&(C_{11} + C_{12})C_{33} - 2C_{13}^2 > 0 \\
&(C_{11} - C_{12})C_{44} - 2C_{14}^2 > 0
\end{aligned}
\tag{7-11}
$$

根据表 7-2 中弹性常数，代入公式（7-11），发现零压下 R-3 结构 AsI_3晶体满足力学稳定准则，R-3 结构是力学稳定的。

计算得出 AsI_3的块体模量值较小，为 14. 2GPa，这是由于 As 原子和 I 原子之间存在弱的离子键，这个结论在后面电子性质的分析中也会得以证实。杨氏模量值的大小可以表示固体的软硬程度[18]，杨氏模量的值越大表示固体的硬度就越大，计算得到的杨氏模量值较小，为 23. 9GPa，表征 AsI_3晶体硬度不大，偏软。计算得出的泊松比值是 0. 22，远远小于 0. 5，这说明 R-3 结构的 AsI_3在弹性形变中产生体积变化是较大的。在图 7-2 中，我们画出 AsI_3晶体相对晶格参数随压强的变化关系去说明晶体压缩特性。从图 7-2 可以看到：当压强从 0GPa 增大到 30GPa，晶体的体积缩小了 48%，说明 AsI_3晶体具有较强的可压缩性特征。

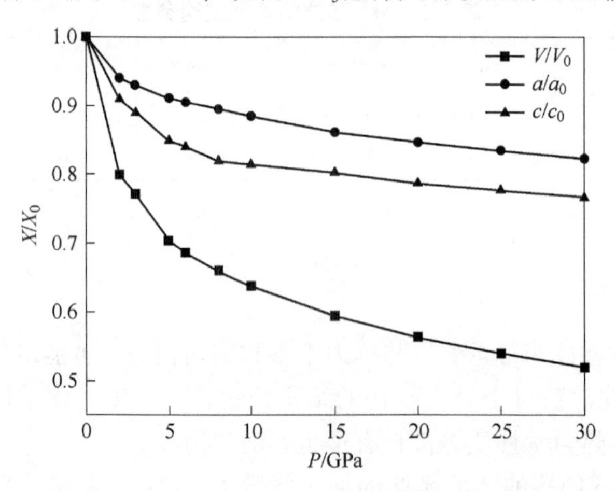

图 7-2　AsI_3晶体相对晶格参数随压强的变化关系图

B/G 的比值可以体现材料的延展性，据查硅的 B/G = 1. 4。B/G 的值越小，固体就越脆。利用计算得到的块体模量和剪切模量值，可以得出 AsI_3的 B/G = 1. 45，表明 AsI_3是种脆性材料，这是由于 AsI_3晶体的层与层之间是由较大的范德瓦尔斯力结合。

德拜温度（Θ_D）能够把固体的力学性质与热力学性质联系在一起，由弹性常数可以计算出材料的德拜温度。

根据式（7-12）计算得出德拜温度 Θ_D[19]：

$$\Theta_D = \frac{h}{k}\left(\frac{3n}{4\pi} \times \frac{N_A\rho}{M}\right)^{\frac{1}{3}} v_m \tag{7-12}$$

式中，h 为普朗克常数；k 是玻耳兹曼常数；N_A 是阿弗加德罗常数；ρ 是密度；M 是相对分子质量；n 是分子中原子的个数。

根据式（7-13），我们可以计算出晶体的横的弹性波速 v_t 和纵的弹性波速 v_l 。

$$v_t = \left(\frac{G}{\rho}\right)^{\frac{1}{2}}, \quad v_l = \left(\frac{B + \frac{4G}{3}}{\rho}\right)^{\frac{1}{2}} \tag{7-13}$$

由 v_t 和 v_l ，根据式（7-14）计算出平均弹性波速 v_m。

$$v_m = \left[\frac{1}{3}\left(\frac{2}{v_t^3} + \frac{1}{v_l^3}\right)\right]^{-\frac{1}{3}} \tag{7-14}$$

计算得出，$v_l = 1.508 \times 10^3 \mathrm{m/s}$，$v_t = 2.516 \times 10^3 \mathrm{m/s}$，$v_m = 1930 \mathrm{m/s}$，$\Theta_D = 163\mathrm{K}$。可以用德拜温度近似估计晶格振动中的声子振动频率的数量级。我们计算的德拜温度是 163K，相对应的声子振动频率的数量级是 10^{14}Hz。

下面我们将分析 AsI_3 晶体的弹性各向异性特性。晶体的弹性各向异性可以分别从剪切各向异性和压缩各向异性来考虑。$\frac{C_{44}}{C_{66}}$ 的比值可以反映六角晶系的剪切各向异性特征。我们计算得到 AsI_3 的 C_{44} 是 10GPa，C_{66} 是 12.2GPa，所以 $\frac{C_{44}}{C_{66}} = 0.82$，这说明 AsI_3 具有不太大的剪切各向异性特征。通过计算 $\frac{c}{a}$ 比值随压强的变化关系可以分析晶体的压缩各向异性，如图 7-3 所示。由图 7-3 可以看到：压强由 0GPa 增加到 8GPa 时，$\frac{c}{a}$ 比值随压强的增大而减小，这说明 c 方向晶轴比 a 方向晶轴更容易压缩，说明 AsI_3 晶体具有压缩的各向异性，这是由电子库仑排斥的各向异性引起的。同时我们还发现，当压强升高到大约 8GPa 时，$\frac{c}{a}$ 比值减到最小，这意味着在压强为 8GPa 附近时可能发生结构相变行为。另外，通过对晶体施加压力，我们计算了压力下晶体的弹性常数。我们发现当压强上升到 4GPa 时，弹性常数不再满足力学稳定准则，说明 AsI_3 晶体是力学不稳定的。因此，从力学角度判断，在压强上升到 4GPa 时，R-3 结构的 AsI_3 晶体应该是亚稳态结构。

对于描述晶体的弹性各向异性特征，Ranganathan 和 Ostioja-Starzewski[20] 定义

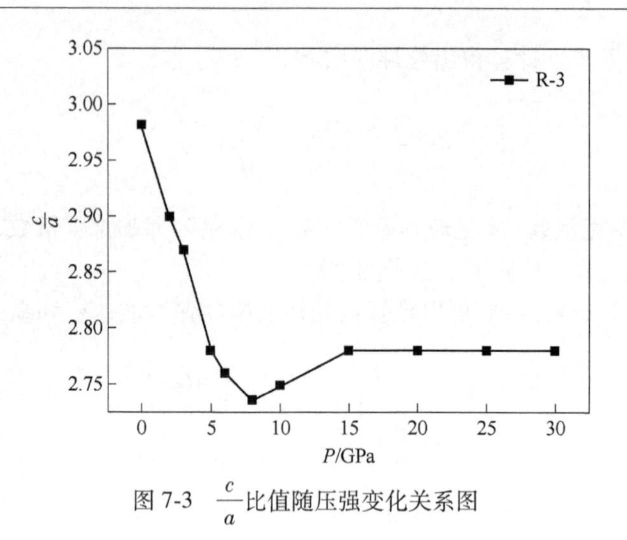

图 7-3　$\frac{c}{a}$比值随压强变化关系图

了普适的弹性各向异性因子 A^u：

$$A^u = 5\frac{G_V}{G_R} + \frac{B_V}{B_R} - 6 \tag{7-15}$$

$A^u=0$，表示晶体是局部各向同性的。A^u 偏离 0 值越大，表示晶体各向异性的程度也就越大。计算得出，对于 R-3 结构的 AsI_3，$A^u=1.11$，这个值远远偏离 0 值，再一次说明了这个材料具有较大的弹性各向异性特性。

7.3.3　电子特征

晶体的电子性质和力学性质存在着紧密的联系，下面我们将对 AsI_3的电子性质进行分析，包括电子能带、带隙和态密度的分析，同时我们也研究了晶体的电子差分密度。

原子间化学键的类型对材料的弹性性质会产生影响。根据所学固体物理理论可以知道，共价键具有高方向性，抗弹性和塑性形变的能力远优于离子键和金属键。在图 7-4 中给出了（111）晶面 AsI_3的差分电荷密度，从图中可以形象的观察 AsI_3的化学键的性质。由图 7-4 我们发现，砷（As）原子和碘（I）原子之间没有明显的轨道杂化现象，电荷密度平面也看不到有明显的电荷集中，As-I 原子之间电荷较弱的重叠在一起，所以，砷（As）原子和碘（I）原子之间的化学键是弱的共价键。从图 7-4 中还可以看到，As 原子周围的电荷密度小于 I 原子，电荷会由 I 原子向 As 原子转移，As 原子会失去电子，I 原子会得到电子，所以 As-I 原子之间存在离子键。

通过计算 Mulliken 电子布居值也可以分析晶体的化学键性质。我们对 AsI_3的电子布局值进行了计算，得到 As 原子带+0.24e 正电荷，I 原子带-0.08e 负电

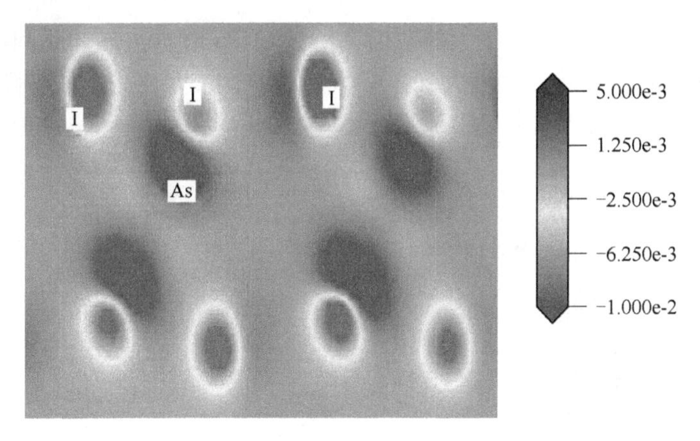

图 7-4 （111）晶面 AsI_3 的差分电荷密度图

荷，这说明一个 As 原子会失去+0.24e 的电子，一个 I 原子会得到 0.08e 的电子，意味着 As-I 原子之间有明显的离子键，这与我们之前对弹性性质的分析结果相吻合。弹性性质分析得到，AsI_3 晶体具有较小的块体模量，这是由于层状结构的 AsI_3 晶体，层间存在共价键，具有较强的可压缩性，而层内是离子键。

我们对晶体的键长进行了测量，AsI_3 晶体层内的 As-I 键长是 0.2608nm，而沿 c 晶轴方向层间 As-I 原子之间的键长为 0.3406nm。因为 AsI_3 晶体沿 c 晶轴方向的电子密度小于沿 ab 平面方向，所以 c 晶轴方向的电子排斥作用要弱于沿 a 晶轴或 b 晶轴方向，即沿 c 晶轴方向比 a 晶轴或 b 晶轴方向具有更强的可压缩性，从图 7-3 也可以观察到相同的结果。As-I 原子较大的间距和层状构成使得原子间具有较弱的相互作用，所以块体模量较小。

我们计算了 R-3 结构 AsI_3 晶体在 0GPa 时的能带，如图 7-5 所示。由能带图

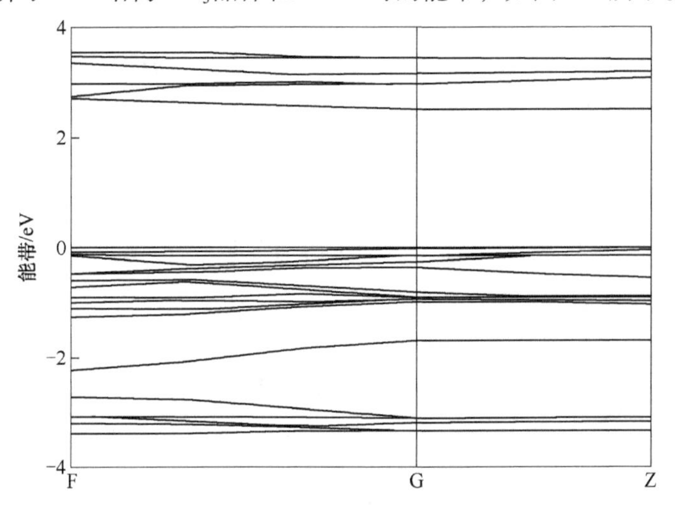

图 7-5 零压下，AsI_3 晶体的能带图

中观察到，费米能级附近有很大的空白，所以 0GPa 时 AsI_3晶体是间接带隙半导体，带隙为 2.34eV。当压强增大到 30GPa 时，我们测量压力下的带隙，如图 7-6 所示。发现随着压力的增大，带隙是减小的。

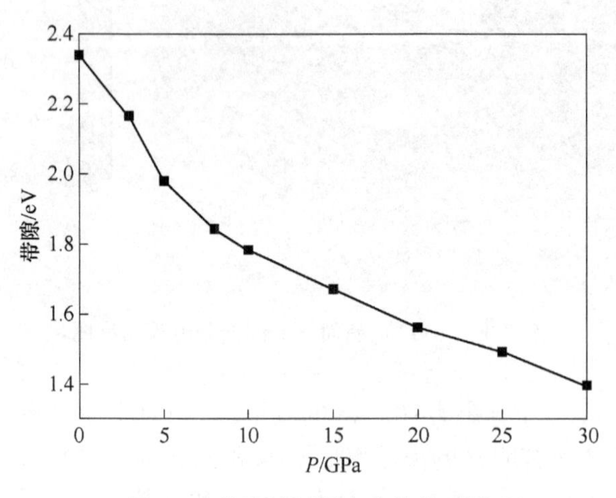

图 7-6 带隙随压强变化的关系图

图 7-7 绘制了零压下 R-3 结构 AsI_3晶体的总态密度和原子的各分波态密度。从图中可以观察到，在 Fimi 面附近的导带部分主要来自外层 As-*p* 和 I-*p* 电子的贡献。价带可以分成 3 个部分，−14～−9eV 价带部分主要由 *s* 轨道电子贡献；−4～−2eV 的价带部分大部分由外层 *p* 轨道电子贡献；−2～0eV 价带顶附近主要来自 I-*p* 和少量 As-*s* 轨道电子的贡献，并且 I-*p* 和 As-*s* 轨道间有较弱的杂化现象。因此，

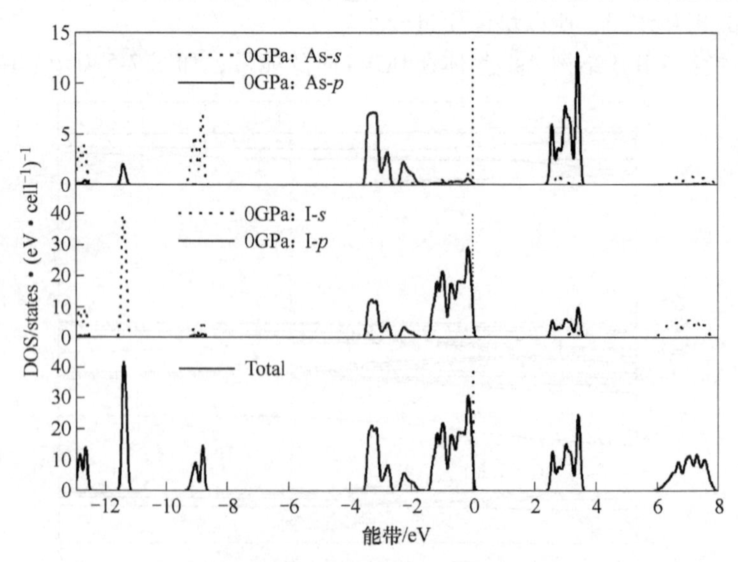

图 7-7 AsI_3晶体的态密度图

As-I 原子之间构成了弱共价键，这也使 AsI_3晶体有较小的块体模量。因为具有共价键，AsI_3晶体的硬度较高。

经过上述分析可知，AsI_3晶体中既存在共价键又存在离子键。

7.4 本章总结

本章通过基于赝势的第一性原理方法对压力下 R-3 相 AsI_3晶体的结构、弹性性质和电子特性进行了研究，得到的结论如下：

（1）晶格优化后，计算得到晶体的平衡结构参数和实验值很接近。绝对零温零压下，R-3 结构是 AsI_3晶体的最稳定结构。

（2）零压下，AsI_3晶体 As-I 原子之间相互作用较弱，使得 AsI_3晶体具有较强的可压缩性，弹性模量也较小。计算得出，AsI_3具有较大的剪切和压缩各向异性特性。AsI_3晶体表现出大的弹性各向异性特性。通过对泊松比进行计算，说明 AsI_3晶体的硬度较小，是脆性材料。

（3）通过对电子能带的计算发现，AsI_3晶体是带隙较大的间接带隙半导体，带隙为 2. 34eV，随着压强的增大带隙是减小的。通过 Mulliken 电子布居数和差分电荷密度的分析表明，As-I 原子之间的化学键是弱的共价键和离子键的混合。

参 考 文 献

[1] Sun X X, Wu C L, Chen W W, et al. Structural and elastic properties of antimony triiodide from first-principles calculations [C]//*Advanced Materials Research*, 2013, 750-752: 1782.

[2] Sun X X, Ren Z R, Wang D G. Structural transitions of BiI_3 under pressure [J]. *Modern Physics Letters*B, 2012, 26 (32): 1250217.

[3] Sun X X, Li Y L, Zhong G H, et al. The structural, elastic and electronic properties of BiI_3: First-principles calculations [J]. *Physica* B, 2012, 407: 735.

[4] Madson W H, Krauskopf F C. A study of the preparation and certain properties of arsenic tri-iodide [J]. Recl. Trav. Chim. Pays-Bas, 1931, 50: 1005.

[5] Anderson A, Campbell J A, Syme R W G. Raman spectra of crystalline antimony triiodide and arsenic triiodide [J]. *Journal of Raman Spectroscopy*, 1988, 19 (6): 379.

[6] Virko S, Petrenko T, Yaremko A, et al. Density functional and ab initio studies of the molecular structures and vibrational spectra of metal triiodides, MI_3(M=As, Sb, Bi) [J]. *Journal of Molecular Structure*: *Theochem*, 2002, 582 (1): 137.

[7] Trotter J. The crystal structure of arsenic triiodide, AsI_3 [J]. *Zeitschrift fuer Kristallographie*, 1965, 121: 81.

[8] Anderson A, Sharma S K, Wang Z. Raman study of arsenic tri-iodide at high pressures [J]. *High Pressure Research*, 1996, 15 (1): 43.

[9] Saitoh A, Komatsu T, Karasawa T. Raman scattering under hydrostatic pressure in layered AsI_3 crystals [J]. *Phys. Status Solidi B*, 2000, 221: 573.

[10] Segall M D, Lindan P J D, Probert M J. First principles simulation: ideas, illustrations and the CASTEP code [J]. *Journal of physical: Condensed Matter*, 2002, 14 (11): 2717.

[11] Ihm J, Zunger A, Cohen M L. Momentum-space formalism for the total energy of solids [J]. *J. Phys. C: Solid State Phys.*, 1979, 12 (21): 4409.

[12] Vanderbilt D. Soft self-consistent pseudopotentials in a generalized eigenvalue formalism [J]. *Phys. Rev.* B, 1990, 41 (11): 7892.

[13] Perdew J P, Burke K, Ernzerhof M. Generalized gradient approximation made simple [J]. *Phys. Rev. Lett.*, 1996, 77 (18): 3865.

[14] Hill R. The elastic behaviour of a crystalline aggregate [J]. *Proc. Phys. Soc. A*, 1952, 65 (5): 349.

[15] Hsueh H C, Chen R K, Vass H, et al. Compression mechanics in quasimolecular XI_3 (X = As, Sb, Bi) solids [J]. *Physical Review* B, 1998, 58 (22): 14812.

[16] Ravindran P, Fast L, Korzhavvi P A, et al. Density functional theory for calculation of elastic properties of orthorhombic crystals: Application to $TiSi_2$ [J]. *J. Appl. Phys.*, 1998, 84 (9): 4891.

[17] Born M, Huang K. *Dynamical theory of crystal lattices* [M]. Oxford: Clarendon Press, 1968.

[18] Mattesini M, Ahuja R, Johansson B. Cubic Hf_3N_4 and Zr_3N_4: a class of hard materials [J]. *Phys. Rev.* B, 2003, 68 (18): 184108.

[19] Anderson O L. A simplified method for calculating the Debye temperature from elastic constants [J]. *J. Phys. Chem. Solids*, 1963, 24 (7): 909.

[20] Ranganathan S I, Ostoja Starzewski M. Universal elastic anisotropy index [J]. *Phys. Rev. Lett.*, 2008, 101 (5): 05504.

8 Mo_2BC 弹性性质和电子性质的第一性原理研究

8.1 Mo_2BC 的研究现状

通过弹性常数的计算，可以判断材料的硬度，这是一个非常重要的技术指标。我们探索超硬材料主要历经三个阶段，第一个阶段是天然的金刚石材料（块体模量 B 为 442GPa，剪切模量 G 为 535GPa），硬度大，但热稳定性较差，不能承受极高的温度环境，主要用于切削、磨削等加工环节，不能完成特殊工艺的加工需求；第二个阶段是利用 N、O、B、C 等化学元素形成超硬材料，这类元素很容易形成正八面体结构，具有短键长的共价键，硬度和熔点很高，热稳定性良好，但是抗氧化能力较差，制造成本昂贵，所以并没有大规模应用；第三个阶段是利用过渡金属制作超硬材料，在过渡金属中加入 N、O、B、C 等化学元素去增强材料的硬度，这类材料热稳定性、导电性好。Jeitschko 等人在 1963 年研究了 Mo_2BC 晶体的结构[1]。J. Emmerlich 等人在 2009 年利用实验方法计算得到 Mo_2BC 的杨氏模量值为（460±21）GPa[2]。目前，在氩气环境下人们已经用 Mo 金属、B 和 C 制备出 Mo_2BC 晶体。对于 Mo_2BC 晶体的弹性性质和电子性质的研究还未见报道。所以，本章通过基于赝势的第一性原理方法对压力下 Mo_2BC 晶体的结构、弹性性质和电子特性进行了研究，为今后的实验分析和应用提供参考数据。

8.2 计算细节

8.2.1 理论模型

Mo_2BC，常压下具有正交（orthorhombic）结构，空间群为 Cmcm（No. 63），晶格参数 a = 0.3086nm，b = 1.7350nm，c = 0.3047nm。在 Cmcm 结构 Mo_2BC 中，Mo 原子位于 2 个不等价位置，分别占据 4c（0，0.0721，0.2500）和 4c（0，0.3139，0.2500）位置；B 原子位于 4c(0，0.4731，0.2500）位置；C 原子处于 4c(0，0.1920，0.2500）位置。在图 8-1 中我们给出了 Cmcm 结构 Mo_2BC 的晶格结构图。

8.2.2　参数选择

本章利用基于第一性原理的平面波赝势方法对 Mo_2BC 的特性进行了分析，计算都采用 CASTEP 软件包来完成。电子的交换-关联能选择广义梯度近似（GGA）来描述，选取了 PBE 势形式，电子和离子实之间的相互作用采用超软赝势（Ultrasoft）。平面波截止能量（Cutoff Energy）取为 300eV 以保证足够收敛。所有可能结构在优化中都采用 BFGS 算法来完成能量最小化计算，最大的应力收敛标准设为 0.02GPa，总体能量的收敛标准是 5.0×10^{-6} eV/atom，原子间的最大受力收敛标准是 0.1eV/nm，原子的最大位移收敛标准为 5.0×10^{-5} nm，自洽（SCF）计算的收敛标准为 5.0×10^{-7} eV/atom。

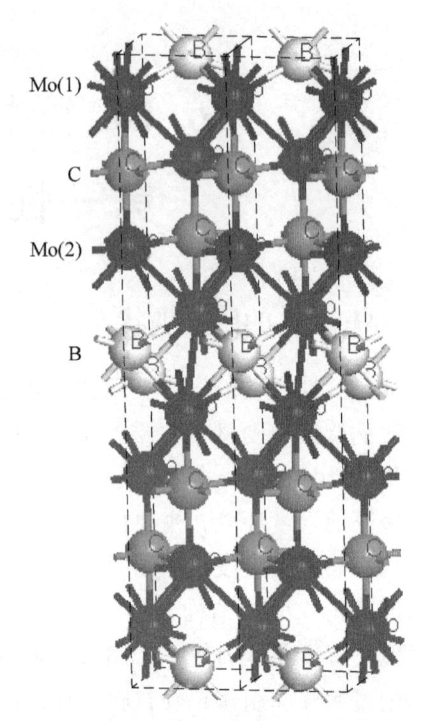

图 8-1　正交结构 Mo_2BC 晶体结构

8.3　Mo_2BC 结构模型的第一性原理研究

8.3.1　稳定结构的确定

我们对多种结构的 Mo_2BC 晶体进行几何优化，通过焓值确定正交（orthorhombic）结构的 Mo_2BC 是最稳定结构。表 8-1 列出了理论模拟的常压下正交结构的 Mo_2BC 几何优化后的晶格参数，以及可用的实验值。由表 8-1 可以看出：几何优化后的晶格参数与实验值误差很小，在 0.4%~0.8%之间，说明我们采用的计算方法是合理的。

表 8-1　Cmcm 结构 Mo_2BC 晶体的平衡结构参数 *a*、*b* 和 *c*

物理参量	实验值	理论值	误差
a/nm	0.3099	0.3086	0.4%
b/nm	1.7488	1.7350	0.8%
c/nm	0.3070	0.3047	0.7%

8.3.2　Mo_2BC 的弹性特征

图 8-2 给出了相对晶格常数 $\frac{a}{a_0}$，$\frac{b}{b_0}$，$\frac{c}{c_0}$ 和 $\frac{V}{V_0}$ 与压强 P 的关系曲线。可以发现，当压力由 0GPa 升高到 50GPa，a 轴、b 轴和体积变化都不大，c 轴相对更容易被压缩。

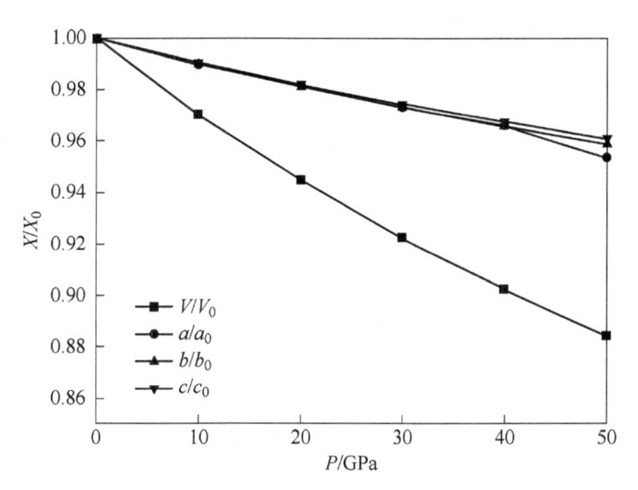

图 8-2　Mo_2BC 相对晶格常数随压强变化关系图
（a_0，b_0，c_0 和 V_0 分别是零压下的晶格常数与体积）

Mo_2BC 在零压下的 9 个独立弹性常数被列于表 8-2 中。利用此弹性常数可以判断晶体的稳定性。判断正交结构是否稳定的力学准则如下[3]：

$$C_{11}+C_{33}-2C_{13}>0,\ C_{11}>0,\ C_{22}>0,$$
$$C_{33}>0,\ C_{44}>0,\ C_{55}>0,\ C_{66}>0,$$
$$C_{11}+C_{22}+C_{33}+2C_{12}+2C_{13}+2C_{23}>0,$$
$$C_{22}+C_{33}-2C_{23}>0,\ C_{11}+C_{22}-2C_{12}>0$$

经过计算发现，零压下，Mo_2BC 满足力学稳定准则，是力学稳定的。

表 8-2　Mo_2BC 在零压下的弹性常数　（GPa）

结构	C_{11}	C_{22}	C_{33}	C_{44}	C_{55}	C_{66}	C_{12}	C_{13}	C_{23}
Cmcm	534	534	548	177	246	179	195	192	194

依据 Voigt-Reuss-Hill 理论，计算出 Mo_2BC 的块体模量 B、剪切模量 G、杨氏模量 E 和泊松比 ν，见表 8-3。B_V表示 Voigt 理论下的块体模量，G_V表示 Voigt 理论下的剪切模量，B_R表示 Reuss 理论下的块体模量，G_R表示 Reuss 理论下的剪切模量。

表 8-3 零压下，Cmcm 结构 Mo_2BC 的剪切模量 G(GPa)、块体模量 B(GPa)、杨氏模量 E(GPa) 和泊松比 ν

结构	B_V	G_V	B_R	G_R	B	G	E	ν
Cmcm	308	189	308	186	308	188	471	0.245

杨氏模量 E 可以表征固体材料的硬度。杨氏模量大，固体材料硬度就大。我们计算 Mo_2BC 的杨氏模量值是 471GPa，暗示 Mo_2BC 的硬度很高。泊松比值 ν 可以表征共价键强弱的程度，泊松比值 ν 大，固体材料中的共价键就弱。据查，泊松比理论计算上限值为 0.5，即表示弹性形变过程中体积是不发生变化的，具有无限大的弹性各向异性特性。泊松比值同晶体单向受拉或受压时体积变化即膨胀有关。我们计算得到的泊松比值是 0.245，这表明 Cmcm 结构的 Mo_2BC 在弹性形变中体积变化是较大的。

德拜温度可以使晶体的热力学性质和力学性质相关联，是研究晶体性质的重要参数。利用表 8-3 中的弹性常数 B、G，可以根据公式（8-1）~式（8-4）得到德拜温度 Θ_D[4]。

$$\Theta_D = \frac{h}{k}\left(\frac{3n}{4\pi} \times \frac{N_A\rho}{M}\right)^{\frac{1}{3}} v_m \tag{8-1}$$

$$v_l = \left(\frac{B + \frac{4G}{3}}{\rho}\right)^{\frac{1}{2}} \tag{8-2}$$

$$v_t = \left(\frac{G}{\rho}\right)^{\frac{1}{2}} \tag{8-3}$$

$$v_m = \left[\frac{1}{3}\left(\frac{2}{v_t^3} + \frac{1}{v_l^3}\right)\right]^{\frac{1}{3}} \tag{8-4}$$

计算得出：Mo_2BC 的密度 $\rho = 8.570\text{g/cm}^3$，横波波速 $v_t = 4700\text{m/s}$，纵波波速 $v_l = 8150\text{m/s}$，平均声学速率 $v_m = 4000\text{m/s}$，德拜温度 Θ_D 为 80K。

8.3.3 Mo_2BC 的电子结构特征

为了研究 Mo_2BC 的电子结构特征和化学键的特性，我们首先计算了 Mo_2BC 的能带和态密度。能带如图 8-3 所示，其中纵坐标 0 刻度处的水平虚线代表费米能级。从图 8-3 中可以看到，Mo_2BC 的导带和价带在费米面处是交叠在一起的，没有带隙，说明在零压下 Mo_2BC 是金属。

图 8-4 中绘制了 Cmcm 结构 Mo_2BC 的态密度。横坐标 0 刻度处的虚线指示的是费米面。由图 8-4 可以看到：Fimi 面附近的导带部分主要来自外层 Mo-*d* 和少量 Mo-*p*、C-*p*、B-*p* 电子的贡献。价带可以分成 3 个部分：-63~-60eV 价带部分主要来自

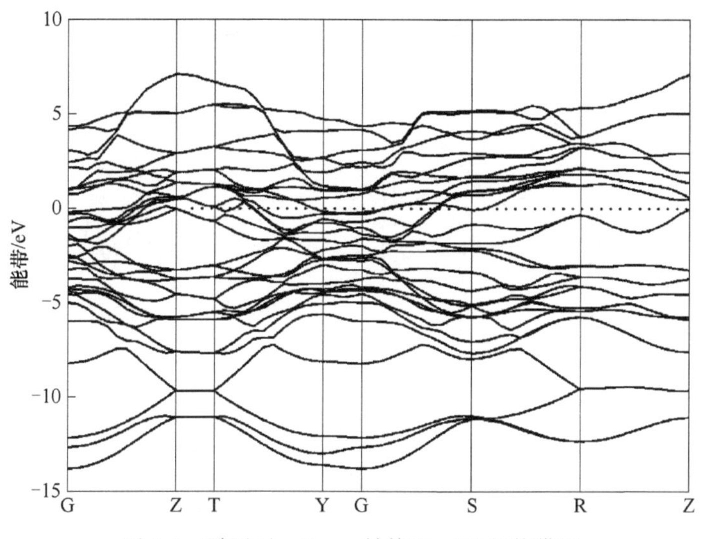

图 8-3 零压下，Cmcm 结构 Mo_2BC 的能带图

Mo-*s* 电子的贡献；-38～-35eV 价带部分来自外层 Mo-*p* 轨道电子的贡献；-15～0eV 价带顶部主要来自 Mo-*d* 和少部分 Mo-*p*、B-*p*、C-*p* 轨道电子的贡献。

Cmcm 结构 Mo_2BC 晶体的 Mulliken 布居数见表 8-4，Mulliken 键布居值见表 8-5。通过 Mulliken 布居数可以知道化学键的性质，也可以知道原子间共价键或离子键的强弱。Mulliken 布居数等于 0 是键类型的分界值，小于或等于 0 都为离子键，数值越小离子键就越强。Mulliken 布居数大于 0 为共价键，数值越大共价键就越强。由表 8-4 中我们看到：Mo_2BC 分子中的一个 Mo(1) 离子的电荷数为 13.49e，失去的电荷为 0.51e；另一个 Mo(2) 离子的电荷数为 13.44e，失去的电荷数为 0.56e。它们仅失去一部分的电子，失电子的能力弱，通常会与其他原子形成共价键。B 离子总电荷数为 3.46e，得到的电荷数为-0.46e；C 离子总电荷数为 4.61e，得到的电荷数为-0.61e。得到电子能力弱，这说明 C、B 原子不容易与其他原子形成离子键。由表 8-5 可以看到：C-Mo、B-Mo 和 B-B 原子间存在共价键，其中 B-B 原子间键长最小，重叠布居数为 1.32，B-B 原子间的共价键最强。Mo-Mo 原子间键长较大为 0.295nm，重叠布居数为-0.69，Mo-Mo 原子之间表现为金属键。因此，Mo_2BC 晶体中既存在着强共价键又存在金属键。

表 8-4 Cmcm 结构 Mo_2BC 的 Mulliken 布居数

原子类型	离子	*s*	*p*	*d*	总电荷（e）	电荷（e）
B	1	0.95	2.15	0.00	3.46	-0.46
C	1	1.43	3.19	0.00	4.61	-0.61
Mo	1	2.06	6.44	4.99	13.49	0.51
Mo	2	2.16	6.45	4.83	13.44	0.56

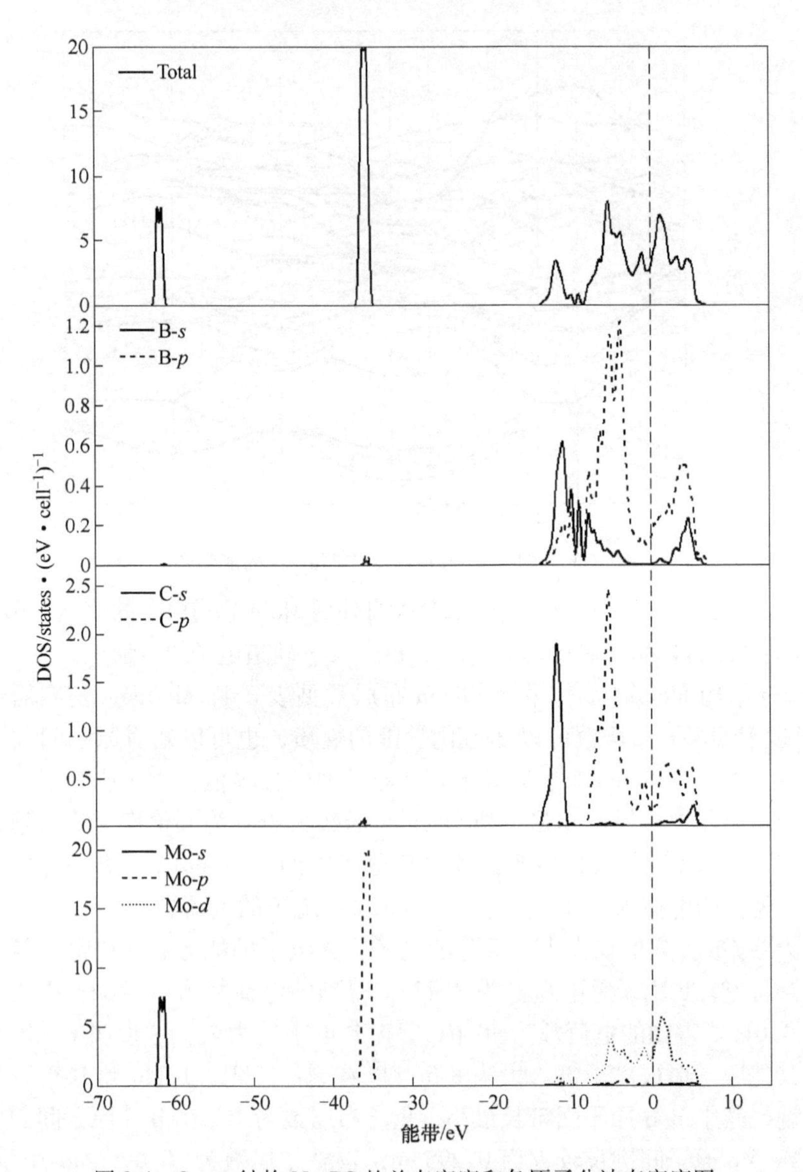

图 8-4　Cmcm 结构 Mo_2BC 的总态密度和各原子分波态密度图

表 8-5　Cmcm 结构 Mo_2BC 的 Mulliken 键布居数

键	布居数	键长/nm
B 001-B 002	1. 32	0. 181939
C 002-Mo 003	0. 17	0. 208297
C 001-Mo 001	0. 17	0. 208297
C 001-Mo 002	0. 22	0. 215579

续表 8-5

键	布居数	键长/nm
C 002-Mo 004	0. 22	0. 215579
B 002-Mo 004	0. 10	0. 275736
B 001-Mo 002	0. 10	0. 275736
Mo 001-Mo 003	−0. 69	0. 295065

8.4 结论

本章利用基于第一性原理平面波赝势方法对 Mo_2BC 的特性进行了分析。Cmcm 结构是 Mo_2BC 的最稳定结构。Mo_2BC 的杨氏模量值是 471GPa，暗示 Mo_2BC 的硬度很高。泊松比值是 0. 245，这表明 Cmcm 结构的 Mo_2BC 在弹性形变中体积变化是较大的。德拜温度 Θ_D 为 80K。电子性质的分析表明，零压下 Mo_2BC 是金属。Fimi 面附近的导带部分主要来自外层 Mo-*d* 和少量 Mo-*p*、C-*p*、B-*p* 电子的贡献。价带可以分成 3 个部分：-63～-60eV 价带部分主要来自 Mo-*s* 电子的贡献；-38～-35eV 价带部分来自外层 Mo-*p* 轨道电子的贡献；-15～0eV 价带顶部主要来自 Mo-*d* 和少部分 Mo-*p*、B-*p*、C-*p* 轨道电子的贡献。Mo_2BC 晶体中既存在着强共价键又存在金属键。

参 考 文 献

[1] Smith Gordon S, Tharp A G, Johnson Quinthin. Determination of the Light-atom Position in a Mo_2BC [J]. Acta Crystallographica B, 1969, 25: 698～701.

[2] Emmerlich J, Music D, Braun M. A proposal for an unusually stiff and moderately ductile hard coating material: Mo_2BC [J]. J. Phys. D: Appl. Phys, 2009, 42 (18): 185406.

[3] Born M, Huang K. Dynamical theory of crystal lattices [M]. Oxford: Clarendon Press, 1968.

[4] Anderson O L. A simplified method for calculating the Debye temperature from elastic constants [J]. J. Phys. Rev. B, 2003, 68 (18): 184108.

9 Mo_3Al_2C 弹性性质和电子性质的第一性原理研究

9.1 Mo_3Al_2C 的研究现状

利用过渡金属形成的化合物，可以改变原有材料的性质，形成新材料。金属碳化物硬度很高、热稳定性好，被广泛应用在机械领域。目前，在金属碳化物中加入过渡金属形成优良的催化材料。过渡金属碳化物是一种新型催化材料，具有广阔的应用前景[1,2]。例如，过渡金属钼的碳化物可替代贵金属铂，形成所谓的准铂催化剂。金属碳化物——碳化钼熔点高、热稳定性好、机械稳定性较高[3]。为了探索新材料，我们可以在碳化钼中添加新原子，改变材料性能。在碳化钼中加入了 Al 原子，可以增强碳化钼的抗氧化能力。因此，本章通过基于赝势的第一性原理方法对压力下 Mo_3Al_2C 晶体的结构、弹性性质和电子特性进行了研究，为今后的实验分析和应用提供参考数据。

9.2 计算参数选择

本章利用基于第一性原理的平面波赝势方法对 Mo_3Al_2C 的特性进行了分析。电子的交换-关联能选择广义梯度近似（GGA）来描述，选取了 PBE 势形式，电子和离子实之间的相互作用采用超软赝势（Ultrasoft）。平面波截止能量（Cutoff Energy）取为 300eV 以保证足够收敛。所有可能结构在优化中都采用 BFGS 算法来完成能量最小化计算，总体能量的收敛标准是 5.0×10^{-6}eV/atom，原子间的最大受力收敛标准是 0.1eV/nm，原子的最大位移收敛标准为 5.0×10^{-5}nm。

9.3 Mo_3Al_2C 的第一性原理研究

9.3.1 Mo_3Al_2C 稳定结构的确定

我们对多种结构的 Mo_3Al_2C 晶体进行了几何优化，计算得出，空间群为 P4132 的 Cubic（立方）结构的 Mo_3Al_2C 焓最低，是最稳定结构，晶格结构如图 9-1 所示。在立方结构中，3 个 Mo 原子处于 Wyckoff 的 12d（0.125，0.206，0.456）位置，2 个 Al 原子位于 8c（0.061，0.061，0.061）位置，1 个 C 原子处于 4a（0.375，0.375，0.375）的位置。表 9-1 中列出了几何优化后 Mo_3Al_2C

的晶格常数，我们计算的理论值和实验值符合的很好，在允许误差范围内。

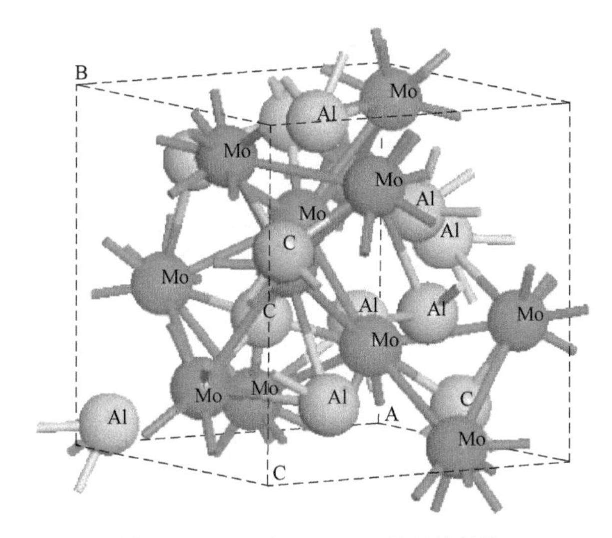

图 9-1 P4132 相 Mo_3Al_2C 的晶体结构

表 9-1 P4132 相 Mo_3Al_2C 晶体的晶格参数

物理参量	实验值	理论值	误差值
a/nm	0.689	0.686	0.004%
b/nm	0.689	0.686	0.004%
c/nm	0.689	0.686	0.004%

9.3.2 弹性特征

我们计算了压力下 Mo_3Al_2C 晶体的晶格常数，图 9-2 中给出了相对晶格常数 $\frac{a}{a_0}$ 和 $\frac{V}{V_0}$ 与压强 P 的关系曲线，可以发现，当压力由 0GPa 升高到 50GPa，晶体的体积缩小 14.8%，说明 Mo_3Al_2C 晶体具有较强的可压缩特性。

我们计算了 P4132 结构 Mo_3Al_2C 在 0~50GPa 压力下的弹性常数、块体模量 (B)、剪切模量（G）和杨氏模量（E），结果见表 9-2。对于稳定结构，其弹性常数要满足 Born-Huang 力学稳定标准。立方结构有 3 个独立弹性常数，力学稳定准则为：

$$C_{11} - C_{12} > 0,\ C_{11} > 0,\ C_{12} > 0,\ C_{44} > 0,\ C_{11} + 2C_{22} > 0 \quad (9\text{-}1)$$

经过计算，我们发现，在 0~50GPa 压力下 P4132 结构的 Mo_3Al_2C 均满足力学稳定性标准，是力学稳定的。

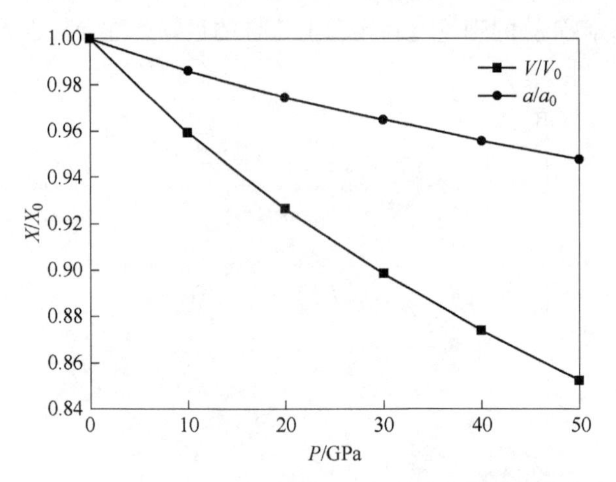

图 9-2　P4132 相 Mo_3Al_2C 晶体的相对晶格常数随压强变化曲线

（a_0是零压下的晶格常数，V_0是零压下的单位分子体积）

表 9-2　0~50Gpa 压力下，P4132 相 Mo_3Al_2C 晶体的弹性常数 C_{ij}(GPa)，剪切模量 G(GPa)、块体模量 B(GPa)、杨氏模量 E(GPa) 和泊松比 ν

压强/GPa	C_{11}	C_{44}	C_{12}	B	G	E	ν
0	284	111	157	199	88	239	0. 30
10	359	148	208	258	113	310	0. 30
20	406	158	243	297	121	335	0. 31
30	432	173	265	321	129	360	0. 31
40	496	196	314	375	144	406	0. 32
50	565	213	342	417	164	454	0. 32

零压下，Mo_3Al_2C 的杨氏模量为 239GPa，暗示 Mo_3Al_2C 的硬度很高。泊松比值是 0. 30，这表明 P4132 结构的 Mo_3Al_2C 在弹性形变中体积变化是较大的。根据表 9-2 中数据，我们绘制了图 9-3，可以看出 B、G 和 E 均随压力的增大而增大。这表明随着压强的增大 P4132 相 Mo_3Al_2C 晶体的不可压缩性增强。

根据表 9-2 中数据，我们也绘制出了 P4132 相 Mo_3Al_2C 晶体的弹性常数随压力变化曲线，如图 9-4 所示。可以发现，C_{44} 比 C_{12} 要小些，随压强的增大变化最慢。C_{11} 值最大，随压强的增大变化也最快。

计算得出 Mo_3Al_2C 的 $\frac{B}{G}$ 值为 2. 26，远远大于临界值 1. 75，说明 Mo_3Al_2C 是延性材料。

根据式（9-2）~式（9-5），我们计算得到 $\rho = 7.183 g/cm^3$，$v_l = 3580 m/s$，$v_t = 6700 m/s$，$v_m = 4725 m/s$，$\Theta_D = 85K$。

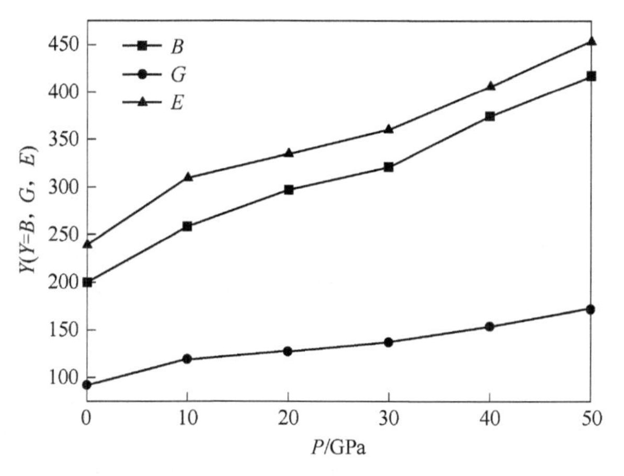

图 9-3 P4132 相 Mo_3Al_2C 晶体的弹性模量与压强的关系曲线

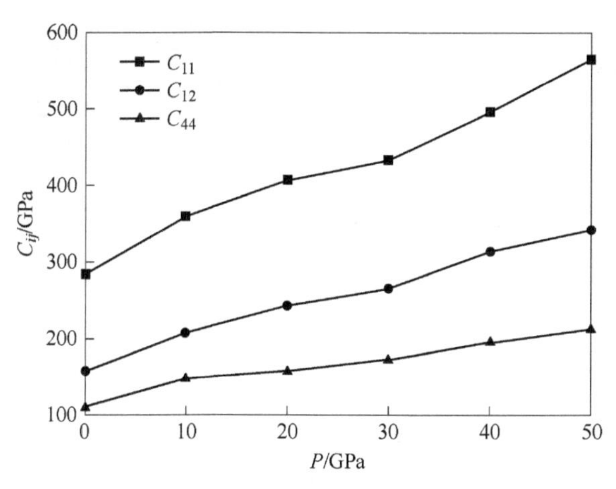

图 9-4 P4132 相 Mo_3Al_2C 的弹性常数 C_{ij} 随压强 P 变化曲线

$$\Theta_D = \frac{h}{K}\left(\frac{3n}{4\pi} \times \frac{N_A \rho}{M}\right)^{\frac{1}{3}} v_m \tag{9-2}$$

$$v_m = \left[\frac{1}{3}\left(\frac{2}{v_t^3} + \frac{1}{v_l^3}\right)\right]^{\frac{1}{3}} \tag{9-3}$$

$$v_l = \left(\frac{B + \frac{4G}{s}}{\rho}\right)^{\frac{1}{2}} \tag{9-4}$$

$$v_t = \left(\frac{G}{\rho}\right)^{\frac{1}{2}} \tag{9-5}$$

9.3.3　电子结构性质

为了研究 Mo_3Al_2C 的电子结构特征和化学键的特性，我们首先计算了 Mo_3Al_2C 的能带和态密度。能带如图 9-5 所示，其中纵坐标 0 刻度处的水平虚线代表费米能级。从图 9-5 中可以看到，Mo_2BC 的导带和价带在费米面处是交叠在一起的，没有带隙，说明在零压下 Mo_3Al_2C 是金属。

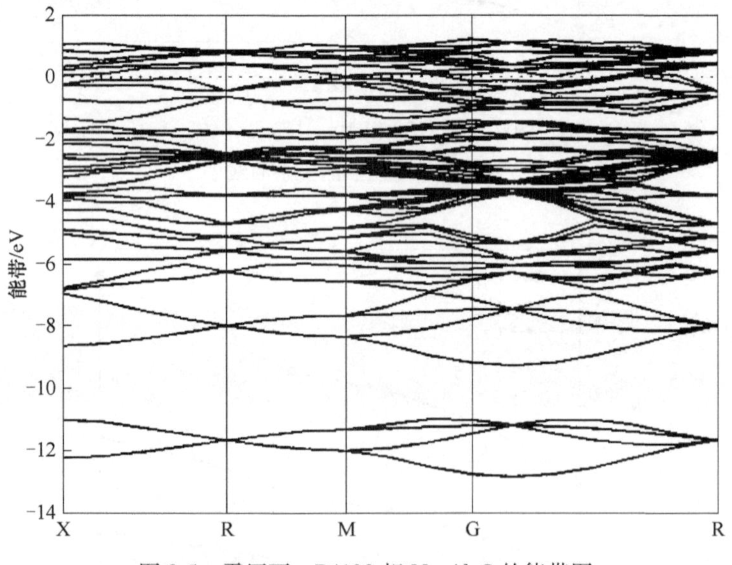

图 9-5　零压下，P4132 相 Mo_3Al_2C 的能带图

图 9-6 中绘制了 P4132 结构 Mo_3Al_2C 的态密度。横坐标 0 刻度处的虚线指示的是费米面。由图 9-6 可以看到：价带可以分成 3 个部分，-62～-60eV 价带部分主要来自 Mo-*s* 轨道电子的贡献；-38～-33eV 价带部分来自外层 Mo-*p* 轨道电子的贡献；-15～0eV 价带顶部主要来自 Mo-*d* 和少部分 Al-*p*、Al-*s*、C-*p* 轨道电子的贡献，并且 C-Mo 和 Mo-Al 原子轨道间有较强的杂化现象，可以形成共价键。

P4132 结构 Mo_3Al_2C 晶体的 Mulliken 布居数见表 9-3，Mo_3Al_2C 分子中 1 个 Al 离子的电荷数为 2. 85e，失去的电荷为 0. 15e。1 个 Mo 离子的电荷数为 13. 9e，失去的电荷为 0. 10e。Mo、Al 原子失电子的能力弱，通常会与其他原子形成共价键。C 原子的电荷数为 4. 59e，得到的电荷数为-0. 59eV。表 9-4 给出了 Mulliken 键布居数，可以看到 Al-Mo、C-Mo 和 Al-Al 原子之间都是共价键，其中 Al-Mo 原子间键长较大，重叠布居数为正，数值较小，形成弱共价键。C-Mo 和 Al-Al 原子间的共价键较强。Mo-Mo 原子间键长较大，重叠布居数较小，Mo-Mo 原子之间表现为金属键。因此，Mo_2BC 晶体中既存在着共价键又存在金属键。

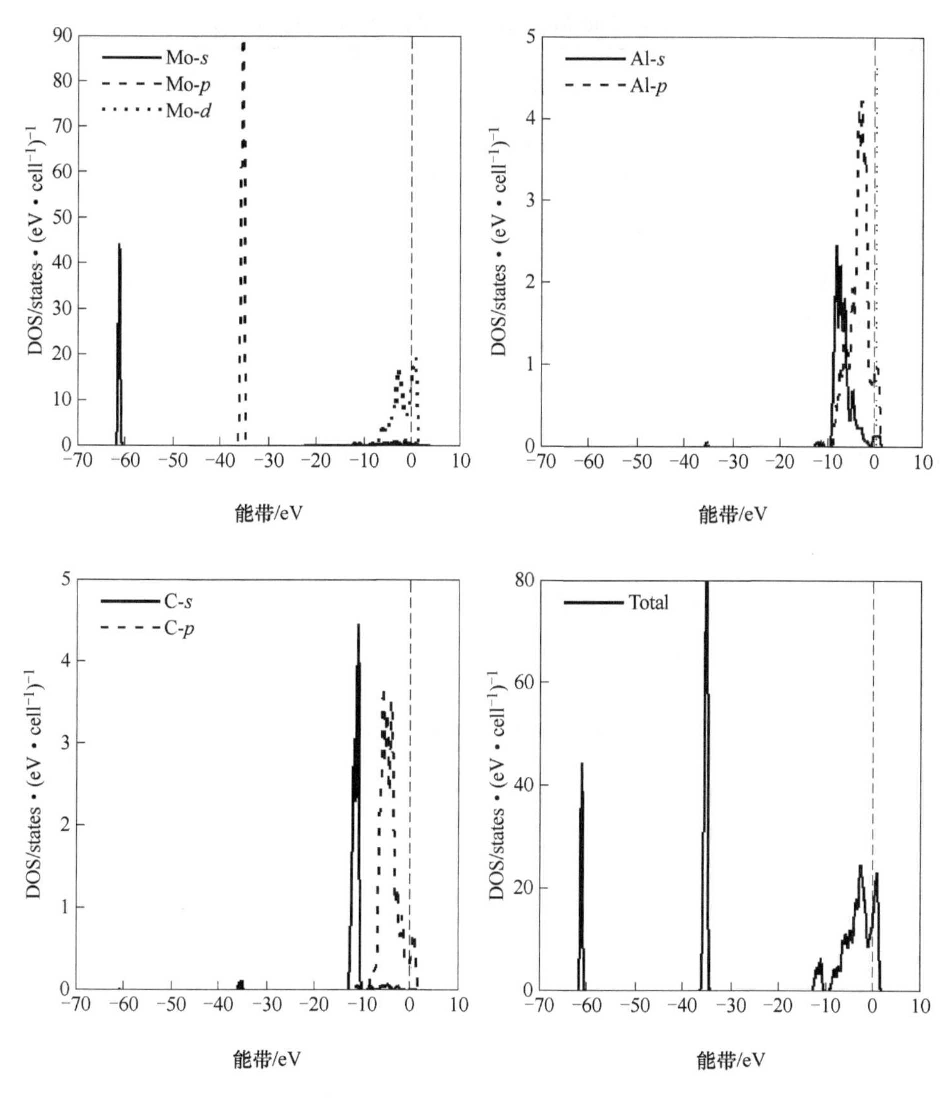

图 9-6　零压下，P4132 相 Mo_3Al_2C 的态密度图

表 9-3　P4132 相 Mo_3Al_2C 晶体的 Mulliken 布居数

原子类型	离子	*s*	*p*	*d*	总电荷（e）	电荷（e）
C	1	1.43	3.16	0.00	4.59	-0.59
Al	1	0.86	1.99	0.00	2.85	0.15
Mo	1	2.28	6.55	5.07	13.90	0.10

表 9-4　P4132 相 Mo_3Al_2C 晶体的 Mulliken 键布居数

键	布居数	键长/nm
C 004-Mo 011	0. 35	0. 216075
Al 004-Al 007	0. 34	0. 256518
Al 001-Mo 005	0. 17	0. 284126
Al 006-Mo 008	0. 01	0. 284313
Mo 006-Mo 009	-0. 04	0. 288598
Mo 005-Mo 010	-0. 15	0. 291831
Al 004-Mo 012	0. 18	0. 292682

9. 4　结论

P4132 相是 Mo_3Al_2C 晶体的最稳定结构。零压下，Mo_3Al_2C 的杨氏模量为 239GPa，暗示 Mo_3Al_2C 的硬度很高。泊松比值是 0. 3，这表明 P4132 结构的 Mo_3Al_2C 在弹性形变中体积变化是较大的。德拜温度 Θ_D 为 85K。随着压强的增大晶体的不可压缩性增强。计算得出 Mo_3Al_2C 的 $\frac{B}{G}$ 值为 2. 26，说明 Mo_3Al_2C 是延性材料。电子性质的分析表明，零压下 Mo_3Al_2C 是金属。价带可以分成 3 个部分，-62～-60eV 价带部分主要来自 Mo-*s* 轨道电子的贡献；-38～-33eV 价带部分来自外层 Mo-*p* 轨道电子的贡献；-15～0eV 价带顶部主要来自 Mo-*d* 和少部分 Al-*p*、Al-*s*、C-*p* 轨道电子的贡献，并且 C-Mo 和 Mo-Al 原子轨道间有较强的杂化现象。Mo_3Al_2C 晶体中既存在着强共价键又存在金属键。

参 考 文 献

[1] 王广建，柳荣展，常俊石．新型催化剂——碳化钼和碳化钨的现状和展望［J］. 青岛大学学报，2001，16（3）：51～53.

[2] Ledoux Marc J，Cuong Pham-Huu，Chianelli Russ R. Catalysis with Carbides［J］. Current Opinion in Solid State & Material Science，1996，1：96～100.

[3] Schultz-Ekloff G，Baresel D，Sarholz W. Crystal Face Specificity in Ammonia Synthesis on Tungsten Carbides［J］. Journal of Catalysis，1976，43：353～355.

10　Si 的结构、力学和电子性质的第一性原理计算

下面将介绍 Si 稳定结构的确定，然后计算 Si 的弹性常数，分析其弹性各向异性特征，最后分析 Si 的电子特征。

10.1　研究方法和研究内容

利用基于平面波展开的 CASTEP 软件包来计算系统总能。在结构优化中，我们对单胞、内部自由参数同时进行优化，并且所有的计算也都进行了收敛测试。能量收敛标准采用 5.0×10^{-6}eV/atom，原子的最大位移设为 5.0×10^{-5}nm，最大应力收敛标准取为 0.02GPa。电子和离子实之间的相互作用采用超软赝势（Ultra-soft）。平面波截断能取 280eV 以保证足够收敛。我们采用 BFGS 算法来完成能量最小化计算，自洽计算的收敛标准为 5.0×10^{-7}eV/atom。利用 VRH 近似来计算弹性模量和泊松比。对于交换关联函数，我们采用 LDA 下的 CA-PZ 形式。

10.2　稳定结构的确定

Si 的晶体结构如图 10-1 所示。

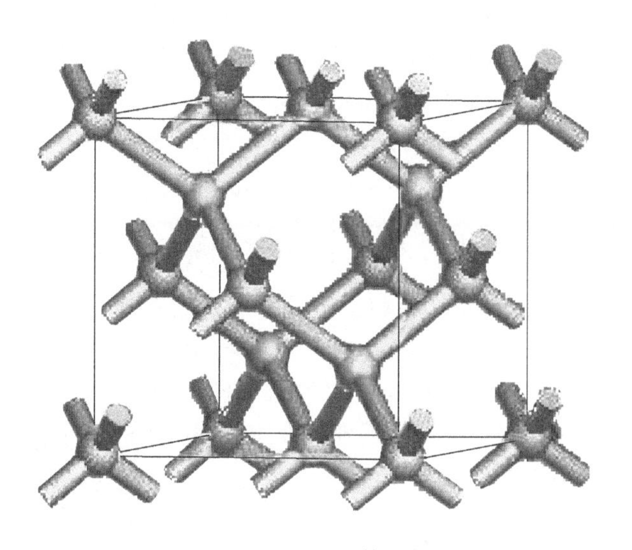

图 10-1　Si 的晶体结构

优化后的零压下结构参数，列在表 10-1 中。实验测得，Si 的晶格常数为 0.54309nm。优化得到的晶格常数值与实验值，符合的很好。Si 是立方结构晶体，是稳定结构。

表 10-1　Si 的几何优化后的结构参数

空间群	P/GPa	V_0/nm^3	a/nm	b/nm	c/nm	H/eV	B/GPa
Fm-3m	0	0.15541	0.5376	0.5376	0.5376	−2.16E+002	9.27E+001

10.3　具有立方结构的 Si 的弹性特征

Si 是立方结构晶体，有 3 个独立的弹性常数。分别为：

$$C_{11}=162.63\text{GPa},\ C_{44}=77.012\text{GPa},\ C_{12}=63.42\text{GPa}$$

弹性顺度系数，分别为：

$$S_{11}=0.0079\text{GPa}^{-1},\ S_{44}=0.013\text{GPa}^{-1},\ S_{12}=-0.0022\text{GPa}^{-1}$$

零压下的力学稳定标准是：

$$C_{11}-C_{12}>0,\ C_{11}>0,\ C_{12}>0,\ C_{44}>0,\ C_{11}+2C_{12}>0$$

计算可知，Si 在零压下满足力学稳定条件，是力学稳定的。

通过弹性常数，我们可以计算弹性模量，如块体模量（bulk modulus，B）、剪切模量（shear modulus，G）和杨氏模量（E）。

Voigt 理论中，块体模量和剪切模量满足：

$$9B_V=(C_{11}+C_{22}+C_{33})+2(C_{12}+C_{23}+C_{31})$$

$$15G_V=(C_{11}+C_{22}+C_{33})-(C_{12}+C_{23}+C_{31})+3(C_{44}+C_{55}+C_{66})$$

Reuss 理论中，弹性模量是由弹性顺度系数得出的：

$$1/B_V=(S_{11}+S_{22}+S_{33})+2(S_{12}+S_{23}+S_{31})$$

$$15/G_V=(S_{11}+S_{22}+S_{33})-(S_{12}+S_{23}+S_{31})+3(S_{44}+S_{55}+S_{66})$$

下面以体心或面心立方结构为例：

$$C_{11}=C_{22}=C_{33},\ C_{12}=C_{23}=C_{31},\ C_{44}=C_{55}=C_{66}$$

$$B_R=B_V=\frac{1}{3}(C_{11}+2C_{12})$$

$$5G_V=(C_{11}-C_{12})+4C_{44}$$

$$5/G_R=4(S_{11}-S_{12})+3S_{44}$$

经过计算，得到 $B_R=B_V=96.49\text{GPa}$，$G_V=66.05\text{GPa}$，$G_R=62.97\text{GPa}$。

我们采取 Hill 平均来描述晶体的弹性性质，即所求的弹性模量为两种理论计算所得的算术平均值[1]。

$$B=\frac{1}{2}(B_R+B_V),\ G=\frac{1}{2}(G_R+G_V)$$

得出，$G=64.51\mathrm{GPa}$，$B=96.49\mathrm{GPa}$。

对于各向同性材料，杨氏模量和泊松比可通过下式估计：

$$E=\frac{9BG}{3B+G},\ \nu=\frac{3B-2G}{2(3B+G)}$$

得出，$E=158.26\mathrm{GPa}$，$\nu=0.23$（实验中，Si 的 $E=185\mathrm{GPa}$，$G=52\mathrm{GPa}$，$B=100\mathrm{GPa}$，$\nu=0.28$）。

我们计算了 Si 的弹性常数（见表 10-2）。对表 10-2 中的弹性常数，根据 Born-Huang 力学稳定标准[2]，我们发现 Si 在零压下满足力学稳定条件，是力学稳定的。通过比较块体模量和剪切模量，我们发现 Si 具有较高的块体模量和剪切模量，至少是硬的固体。我们计算的泊松比 ν 是 0.23，泊松比值体现了弹性形变过程中体积的变化程度。较高的块体模量，意味着体系具有较强的不可压缩性。

表 10-2 具有立方结构的 Si 的弹性常数和弹性模量

元素	C_{11}/GPa	C_{12}/GPa	C_{44}/GPa	B/GPa	G/GPa	E/GPa	ν
Si	162.63	63.42	77.012	96.49	64.51	158.26	0.23

10.4 弹性各向异性特征分析

晶体弹性各向异性特征的计算分析主要是为了理解晶体的力学性质。为了表征晶体的弹性各向异性，Chung 和 Buessem 定义了百分比弹性各向异性因子。压缩和剪切的百分比弹性各向异性因子分别定义为：

$$A_B=\frac{B_V-B_R}{B_V+B_R},\ A_G=\frac{G_V-G_R}{G_V+G_R}$$

如果计算结果为 0，表示晶体弹性各向同性；计算结果为 1 表示晶体弹性各向异性最大。对于 Si，计算得出 $A_B=0$，$A_G=0.024$，说明晶体 Si 的剪切和压缩各向异性很小。

对于描述晶体的弹性各向异性特征，Ranganathan 和 Ostioja-Starzewski 定义了普适的弹性各向异性因子 A^u [3]：

$$A^u=5\frac{G_V}{G_R}+\frac{B_V}{B_R}-6$$

$A^u=0$，表示晶体是局部各向同性的；A^u 偏离 0 值越大，表示各向异性的程度也就越大。计算得出，对于 Si，$A^u=0.244$，这个值偏离 0 值，再次暗示了这个材料的小的弹性各向异性特征。

利用块体模量 B、剪切模量 G，可以估算出晶体的德拜温度。先计算出晶体的纵的弹性波速 v_l 和横的弹性波速 v_t，这里有：

$$v_l = \left(\frac{B + \frac{4G}{3}}{\rho}\right)^{\frac{1}{2}}, \quad v_t = \left(\frac{G}{\rho}\right)^{\frac{1}{2}}$$

从 v_l 和 v_t，我们可以计算出平均弹性波速 v_m。

$$v_m = \left[\frac{1}{3}\left(\frac{2}{v_t^3} + \frac{1}{v_l^3}\right)\right]^{-\frac{1}{3}}$$

进而，我们由下式计算德拜温度 Θ_D [4]：

$$\Theta_D = \frac{h}{k}\left(\frac{3n}{4\pi} \times \frac{N_A\rho}{M}\right)^{\frac{1}{3}} v_m$$

式中，h 为普朗克常数；k 是玻耳兹曼常数；N_A 是阿弗加德罗常数；ρ 是密度；M 是相对分子质量；n 是分子中原子的个数。

经查，$h = 6.63 \times 10^{-34}$ J · s，$k = 1.38 \times 10^{-23}$ J/K，$N_A = 6.02 \times 10^{23}$，$M =$ 28.09g/mol。

$$\rho = \frac{M}{V} = \frac{\frac{M \times 8}{N}}{\Omega}$$

计算得出，$\rho = 2.4 \times 10^3$ kg/m^3，$v_l = 8.72 \times 10^3$ m/s，$v_t = 15.185 \times 10^3$ m/s，$v_m =$ 6600m/s，$\Theta_D = 728$K。

10.5　电子特征

我们将 Si 在零压下的能带绘于图 10-2 中。从能带结构图，我们可以清楚地看出 Si 是半导体，是间接能隙。在价带顶附近，能带色散较大，表明电子非局域性，这可以从相应的态密度分布看出。

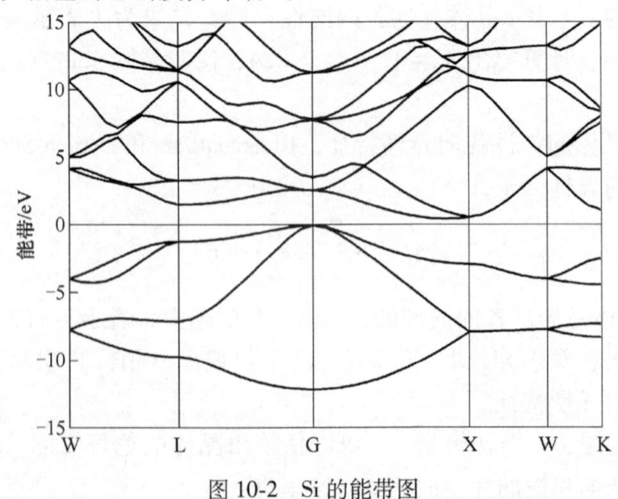

图 10-2　Si 的能带图

Si 在零压力下的总态密度和分波态密度被绘于图 10-3 中。从 DOS 图中可看出，无明显峰的特征，这就说明了电子的非局域特性。在 PDOS（分波态密度）图中观察 Si-*s*、Si-*p* 轨道可以发现：Si-*s* 远离价带顶，价带顶附近主要由 Si-*p* 轨道电子贡献，这表明 *s*、*p* 轨道之间没有强的杂化。

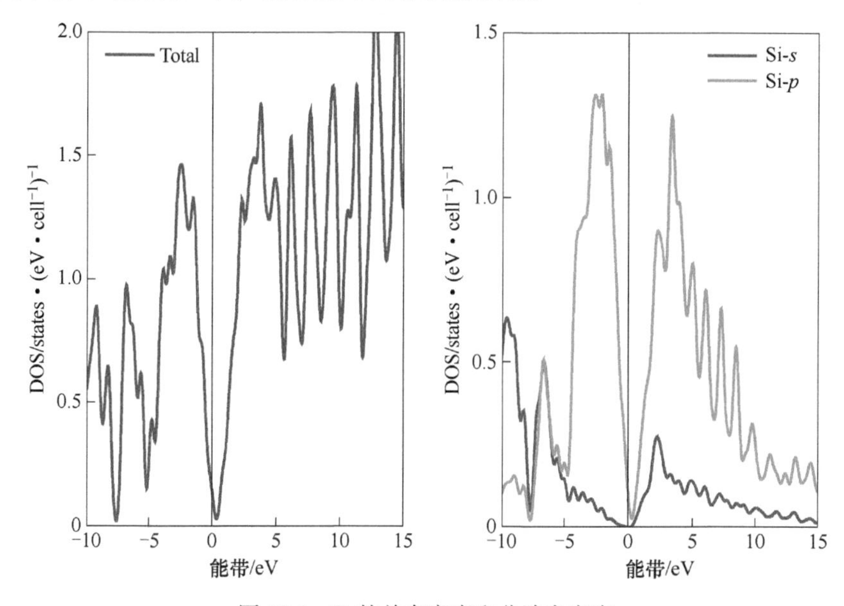

图 10-3 Si 的总态密度和分波态密度

10.6 结论

我们讨论了 Si 的结构、力学、电子学性质。可以发现：

（1）零压下，立方结构的 Si 是稳定结构。优化得到的晶格常数值与实验值，符合的很好。

（2）弹性特征分析表明，零压下，Si 是力学稳定的，满足力学稳定条件。Si 的块体模量和剪切模量较大，说明 Si 至少是硬的固体。具有较高的块体模量，意味着体系具体较强的不可压缩性。

（3）弹性各向异性分析表明，Si 具有小的弹性各向异性特征。

（4）电子特征分析表明，Si 是半导体，是间接能隙，在价带顶附近，能带色散较大，表明电子非局域性。Si-*s* 远离价带顶，价带顶附近主要由 Si-*p* 轨道电子贡献，这表明 *s*、*p* 轨道之间没有强的杂化。

参 考 文 献

[1] Hill R. The elastic behaviour of a crystalline aggregate [J]. Proc. Phys. Soc. A，1952，65 (5)：

349~354.

[2] Born M, Huang K. Dynamical theory of crystal lattices [M]. Oxford: Clarendon Press, 1968.

[3] Ranganathan S I, Ostoja-Starzewski M. Universal elastic anisotropy index [J]. Phys. Rev. Lett., 2008, 101 (5): 05504.

[4] Anderson O L. A simplified method for calculating the debye temperature from elastic constants [J]. J. Phys. Chem. Solids, 1963, 24 (7), 909~917.

附录　材料的晶格参数

1. $BiLi_3$

Chem Name	Bismuth Lithium （1/3）
Structured	Bi Li_3
Sum	Bi_1 Li_3
ANX	NO_3
D （calc）	5. 06
Title	Konstitution der Lithium-Wismut Legierungen
Author （s）	Zintl E； Brauer G
Unit Cell	6. 708， 6. 708， 6. 708， 90°， 90°， 90°
Vol	301. 84
Z	4
Space Group	Fm-3m
SG Number	225
Cryst Sys	cubic
Pearson	cF16
Wyckoff	c b a
Red Cell	F　4. 743　4. 743　4. 743　60　60　60　75. 46
Trans Red	0. 500　0. 500　0. 000/0. 000　0. 500　0. 500/0. 500　0. 000　0. 500

Atom	#	OX	SITE	x	y	z	SOF	H
Bi	1	+0	4a	0	0	0	1	0
Li	1	+0	4b	0. 5	0. 5	0. 5	1	0
Li	2	+0	8c	0. 25	0. 25	0. 25	1	0

2. SbI_3

Chem Name	Antimony Iodide
Structured	Sb I_3
Sum	I_3 Sb_1
ANX	AX_3
D （calc）	4. 94
Title	The Crystal Structure of SbI_3 and BiI_3

Author (s)　Trotter J; Zobel T
Unit Cell　7.48 (2), 7.48 (2), 20.900 (50), 90°, 90°, 120°
Vol　1012.7
Z　6
Space Group　R-3H
SG Number　148
Cryst Sys　trigonal/rhombohedral
Pearson　hR8
Wyckoff　f c
R Value　0.131
Red Cell　RH　7.48　7.48　8.196　62.852　62.852　60　337.566
Trans Red　1.000　0.000　0.000/1.000　1.000　0.000/0.667　0.333　0.333

Atom	#	OX	SITE	x	y	z	SOF	H	ITF (B)
Sb	1	+3	6c	0	0	0.182	1	0	4.5
I	1	−1	18f	0.3415	0.3395	0.0805	1	0	4.5

3. SbI_3

Chem Name　Antimony Triiodide
Structured　Sb I_3
Sum　I_3 Sb_1
ANX　AX_3
D (calc)　5
Title　Zur Polymorphie von Antimontriiodid. Die Kristallstruktur von monoklinem SbI_3
Author (s)　Pohl S; Saak W
Unit Cell　7.281 (2), 10.902 (3), 8.946 (2), 90°, 109.93 (2)°, 90°
Vol　667.58
Z　4
Space Group　P 2_1/c
SG Number　14
Cryst Sys　monoclinic
Pearson　mP16
Wyckoff　e4
R Value　0.073

Red Cell　P　7.281　8.946　10.902　89.999　89.999　109.93　667.582
Trans Red　1.000　0.000　0.000/0.000　0.000　1.000/0.000　−1.000　0.000

Atom	#	OX	SITE	x	y	z	SOF	H
Sb	1	+3	4e	0.0467 (2)	0.8299 (1)	0.1909 (2)	1	0
I	1	−1	4e	0.2239 (2)	1.0559 (1)	0.2007 (2)	1	0
I	2	−1	4e	0.2205 (2)	0.9118 (2)	0.3242 (2)	1	0
I	3	−1	4e	0.3406 (2)	0.7479 (2)	0.4610 (2)	1	0

4. SbI_3

Chem Name　Antimony Iodide - Hp
Structured　Sb I_3
Sum　I_3 Sb_1
ANX　AX_3
D (calc)　5.41
Title　Compression mechanics in quasimolecular XI_3 (X= As, Sb, Bi) solids
Author (s)　Hsueh H C; Chen R K; Vass H; Clark S J; Ackland G J; Poon W C K; Crain J
Unit Cell　7.302 (7), 7.302 , 20.016 (8) , 90°, 90°, 120°
Vol　924.26
Z　6
Space Group　R-3H
SG Number　148
Cryst Sys　trigonal/rhombohedral
Pearson　hR8
Wyckoff　f c
R Value　0.088
Red Cell　RH　7.302　7.302　7.892　62.444　62.444　60　308.085
Trans Red　1.000　0.000　0.000/1.000　1.000　0.000/0.667　0.333　0.333

Atom	#	OX	SITE	x	y	z	SOF	H
Sb	1	+3	6c	0	0	0.1688 (8)	1	0
I	1	−1	18f	0.3372 (2)	0.3456 (4)	0.0768 (2)	1	0

5. AlF_3

Chem Name　Aluminium Fluoride

Structured Al F_3

Sum Al_1 F_3

ANX AX_3

D (calc) 3. 18

Title Structure of the trifluorides of aluminium, iron, cobalt, rhodium, and palladium

Author (s) Ketelaar J A A

Reference Nature (London)
(1931), 128, 303~303

Unit Cell 4. 93, 4. 93, 6. 25, 90°, 90°, 120°

Vol 131. 55

Z 3

Space Group P 3 2 1

SG Number 150

Cryst Sys trigonal/rhombohedral

Pearson hP12

Wyckoff g f d a

Red Cell P 4. 93 4. 93 6. 25 90 90 120 131. 554

Trans Red 1. 000 0. 000 0. 000/0. 000 1. 000 0. 000/0. 000 0. 000 1. 000

Atom	#	OX	SITE	x	y	z	SOF	H
Al	1	+3	1a	0	0	0	1	0
Al	2	+3	2d	0. 3333	0. 6667	0. 667	1	0
F	1	−1	3f	0. 667	0. 667	0. 5	1	0
F	2	−1	6g	0. 167	0. 833	0. 167	1	0

6. AlH_3

Chem Name Aluminium Hydride

Structured Al H_3

Sum H_3 Al_1

ANX AX_3

D (calc) 1. 48

Title The crystal structure of aluminium hydride

Author (s) Turley J W; Rinn H W

Reference Inorganic Chemistry (1969), 8, 17~22

Unit Cell	4. 4493 (5), 4. 4493 (5), 11. 8037 (24), 90°, 90°, 120°
Vol	202. 36
Z	6
Space Group	R-3cH
SG Number	167
Cryst Sys	trigonal/rhombohedral
Pearson	hR8
Wyckoff	b
R Value	0. 04
Red Cell	RH　4. 449　4. 449　4. 698　61. 742　61. 742　60　67. 454
Trans Red	0. 000　1. 000　0. 000/1. 000　1. 000　0. 000/0. 333　0. 667　-0. 333

Atom	#	OX	SITE	x	y	z	SOF	H
Al	1	+3	6b	0	0	0	1	0
H	1	-1	18e	0. 628	0	0. 25	1	0

7. AsI_3

Chem Name	Arsenic Iodide
Structured	As I_3
Sum	As_1 I_3
ANX	AX_3
D (calc)	4. 71
Title	The crystal structure of arsenic triiodide, AsI_3
Author (s)	Trotter J
Reference	Zeitschrift fuer Kristallographie, Kristallgeometrie, Kristallphysik
Unit Cell	7. 208, 7. 208, 21. 43599 , 90°, 90°, 120°
Vol	964. 5
Z	6
Space Group	R-3H
SG Number	148
Cryst Sys	trigonal/rhombohedral
Pearson	hR8
Wyckoff	f c
R Value	0. 14
Red Cell	RH　7. 208　7. 208　8. 268　64. 160　64. 160　60　321. 501

Trans Red 1.000 0.000 0.000/1.000 1.000 0.000/0.667 0.333 0.333

Atom	#	OX	SITE	x	y	z	SOF	H
As	1	+3	6c	0	0	0.1985 (94)	1	0
I	1	−1	18f	0.3485 (13)	0.3333 (13)	0.0822 (40)	1	0

8. CB_4

Chem Name Boron (I) Carbide
Structured B_4 C
Sum C_1 B_4
ANX A_4X
D (calc) 2.49
Title The crystal structure of boron carbide
Author (s) Clark H K; Hoard J L
Reference Journal of the American Chemical Society
(1943), 65, 2115~2119
Zhurnal Fizicheskoi Khimii
(1943), 17, 326~335
Unit Cell 5.62, 5.62, 12.14, 90°, 90°, 120°
Vol 332.06
Z 9
Space Group R-3mH
SG Number 166
Cryst Sys trigonal/rhombohedral
Pearson hR15
Wyckoff h2 c b
Red Cell RH 5.186 5.186 5.186 65.606 65.606 65.606 110.688
Trans Red 0.333 −0.333 −0.333/−0.667 −0.333 −0.333/0.333 0.667 −0.333

Atom	#	OX	SITE	x	y	z	SOF	H
B	1	+1	18h	0.1667	−0.1667	0.36	1	0
B	2	+1	18h	0.106	−0.106	0.113	1	0
C	1	−4	6c	0	0	0.385	1	0
C	2	−4	3b	0	0	0.5	1	0

9. BiI_3

Chem Name Bismuth Iodide - Hp

Structured　Bi I_3

Sum　Bi_1 I_3

ANX　AX_3

D (calc)　6. 31

Title　Compression mechanics in quasimolecular XI_3 (X= As, Sb, Bi) solids

Author (s)　Hsueh H C; Chen R K; Vass H; Clark S J; Ackland G J; Poon W C K; Crain J

Reference　Physical Review, Serie 3. B-Condensed Matter (18, 1978-) (1998), 58, 14812~14822

Unit Cell　7. 327 (5), 7. 327 , 20. 029 (1), 90°, 90°, 120°

Vol　931. 2

Z　6

Space Group　R-3H

SG Number　148

Cryst Sys　trigonal/rhombohedral

Pearson　hR8

Wyckoff　f c

R Value　0. 09

Red Cell　RH　7. 327　7. 327　7. 903　62. 385　62. 385　60　310. 4

Trans Red　1. 000　0. 000　0. 000/1. 000　1. 000　0. 000/0. 667　0. 333　0. 333

Atom	#	OX	SITE	x	y	z	SOF	H
Bi	1	+3	6c	0	0	0. 1680 (4)	1	0
I	1	-1	18f	0. 3291 (7)	0. 3328 (4)	0. 0758 (4)	1	0

10. $SbBr_3$

Chem Name　Antimony Bromide - Alpha

Structured　Sb Br_3

Sum　Br_3 Sb_1

ANX　AX_3

D (calc)　4. 36

Title　The Crystal and Molecular Structure of Antimony Tribromide: alpha-Antimony Tribromide

Author (s)　Cushen D W; Hulme R

Reference　Journal of the Chemical Society

	(1964), 1964, 4162~4166
Unit Cell	10. 12 (1), 12. 30 (1), 4. 42 (1) , 90°, 90°, 90°
Vol	550. 18
Z	4
Space Group	P 21 21 21
SG Number	19
Cryst Sys	orthorhombic
Pearson	oP16
Wyckoff	a4
R Value	0. 16
Red Cell	P　4. 42　10. 12　12. 3　90　90　90　550. 184
Trans Red	0. 000　0. 000　1. 000/1. 000　0. 000　0. 000/0. 000　1. 000　0. 000

Atom	#	OX	SITE	x	y	z	SOF	H
Sb	1	+3	4a	0. 4492 (11)	-0. 0359 (11)	0. 2660 (19)	1	0
Br	1	-1	4a	0. 4540 (16)	0. 1351 (14)	-0. 0221 (26)	1	0
Br	2	-1	4a	0. 2612 (15)	-0. 1174 (16)	-0. 0207 (35)	1	0
Br	2	-1	4a	0. 6233 (16)	-0. 1365 (17)	-0. 0394 (24)	1	0

11. SbF_3

Chem Name	Antimony Fluoride
Structured	Sb F_3
Sum	F_3 Sb_1
ANX	AX_3
D (calc)	4. 43
Title	Fluoride crystal structures. Part XIV. Antimony trifluoride: A redetermination
Author (s)	Edwards A J
Reference	Journal of the Chemical Society A: Inorganic, Physical, Theoretical (1966~1971) (1970), 1970, 2751~2753
Unit Cell	4. 95 (1), 7. 46 (1) , 7. 26 (1) , 90°, 90°, 90°
Vol	268. 09
Z	4
Space Group	C2cm
SG Number	40

Cryst Sys　orthorhombic

Pearson　oS16

Wyckoff　c b2

R Value　0. 72

Red Cell　C　4. 476　4. 476　7. 26　90　89. 999　112. 868　134. 045

Trans Red　0. 500　−0. 500　0. 000/0. 500　0. 500　0. 000/0. 000　0. 000　1. 000

Atom	#	OX	SITE	x	y	z	SOF	H
Sb	1	+3	4b	0	0. 2138 (1)	0. 25	1	0
F	1	−1	8c	−0. 2602 (45)	0. 2940 (17)	0. 0685 (24)	1	0
F	2	−1	4b	0. 1530 (55)	0. 4474 (31)	0. 25	1	0

12. PLi_3

Structured　Li_3 P

Sum　Li_3 P_1

ANX　A_3X

D (calc)　1. 44

Unit Cell　4. 264, 4. 264, 7. 579, 90°, 90°, 120°

Vol　119. 34

Z　2

Space Group　P63/mmc

SG Number　194

Cryst Sys　hexagonal

Pearson　hP8

Wyckoff　f c b

Red Cell　P　4. 264　4. 264　7. 579　90　90　120　119. 337

Trans Red　1. 000　0. 000　0. 000/0. 000　1. 000　0. 000/0. 000　0. 000　1. 000

Atom	#	OX	SITE	x	y	z	SOF	H
P	1	−3	2c	0. 3333	0. 6667	0. 25	1	0
Li	1	+1	2b	0	0	0. 25	1	0
Li	2	+1	4f	0. 3333	0. 6667	0. 583	1	0

13. $SbNa_3$

Structured　Na_3 Sb

Sum　$Na_3\ Sb_1$

ANX　A_3X

D (calc)　2. 68

Unit Cell　5. 355, 5. 355, 9. 496, 90°, 90°, 120°

Vol　235. 83

Z　2

Space Group　P63/mmc

SG Number　194

Cryst Sys　hexagonal

Pearson　hP8

Wyckoff　f c b

Red Cell　P　5. 355　5. 355　9. 496　90　90　120　235. 825

Trans Red　1. 000　0. 000　0. 000/0. 000　1. 000　0. 000/0. 000　0. 000　1. 000

Atom	#	OX	SITE	x	y	z	SOF	H
Sb	1	−3	2c	0. 3333	0. 6667	0. 25	1	0
Na	1	+1	2b	0	0	0. 25	1	0
Na	2	+1	4f	0. 3333	0. 6667	0. 583	1	0

14. PBr_3

Chem Name　Phosphorus Bromide

Structured　$P\ Br_3$

Sum　$Br_3\ P_1$

ANX　AX_3

D (calc)　3. 47

Unit Cell　8. 014 (4), 10. 026 (8), 6. 444 (4), 90°, 90°, 90°

Vol　517. 76

Z　4

Space Group　Pnma

SG Number　62

Cryst Sys　orthorhombic

Pearson　oP16

Wyckoff　d c2

R Value　0. 034

Red Cell　P　6. 444　8. 014　10. 026　90　90　90　517. 765

Trans Red 0. 000 0. 000 1. 000/1. 000 0. 000 0. 000/0. 000 1. 000 0. 000

Atom	#	OX	SITE	x	y	z	SOF	H
P	1	-3	4c	0. 0326 (5)	0. 25	0. 0289 (6)	1	0
Br	1	-1	8d	0. 1852 (2)	0. 0823 (1)	0. 1459 (2)	1	0
Br	2	-1	4c	0. 1002 (2)	0. 25	-0. 3046 (2)	1	0

15. Mo_2BC

Chem Name Molybdenum Boride Carbide (2/1/1)
Structured Mo_2BC
Sum C_1 B_1 Mo_2
ANX NOP_2
D (calc) 8. 74
Unit Cell 3. 086, 17. 35, 3. 047, 90°, 90°, 90°
Vol 163. 14
Z 4
Space Group Cmcm
SG Number 63
Cryst Sys orthorhombic
Pearson oS16
Wyckoff c4
R Value 0. 035
Red Cell C 3. 047 3. 086 8. 811 100. 085 90 89. 999 81. 571
Trans Red 0. 000 0. 000 -1. 000/1. 000 0. 000 0. 000/-0. 500 -0. 500 0. 000

Atom	#	OX	SITE	x	y	z	SOF	H
Mo	1	+0	4c	0	0. 0721 (1)	0. 25	1	0
Mo	2	+0	4c	0	0. 3139 (1)	0. 25	1	0
B	1	+0	4c	0	0. 4731 (18)	0. 25	1	0
C	1	+0	4c	0	0. 1920 (15)	0. 25	1	0

16. $Th_3B_2C_3$

Chem Name Thorium Boride Carbide (3/2/3)
Structured Th_3 B_2 C_3
Sum C_3 B_2 Th_3

ANX $N_2O_3P_3$

D (calc) 9.94

Unit Cell 3.703 (2), 9.146 (4), 3.773 (1), 90°, 90°, 100.06 (7)°

Vol 125.82

Z 1

Space Group P112/m

SG Number 10

Cryst Sys monoclinic

Pearson mP8

Wyckoff n m2 e a

R Value 0.079

Red Cell P 3.703 3.773 9.146 90 100.06 90 125.818

Trans Red −1.000 0.000 0.000/0.000 0.000 −1.000/0.000 −1.000 0.000

Atom	#	OX	SITE	x	y	z	SOF	H
Th	1	+0	1a	0	0	0	1	0
Th	2	+0	2n	0.6329 (5)	0.3059 (2)	0.5	1	0
B	1	+0	2m	0.191 (11)	0.454 (10)	0	1	0
C	1	+0	1e	0.5	0	0.5	1	0
C	2	+0	2m	0.128 (10)	0.281 (9)	0	1	0

17. ScB_2C_2

Chem Name Scandium Boride Carbide (1/2/2)

Structured Sc B_2 C_2

Sum C_2 B_2 Sc_1

ANX NO_2P_2

D (calc) 3.35

Unit Cell 5.175 (5), 10.075 (7), 3.440 (5), 90°, 90°, 90°

Vol 179.36

Z 4

Space Group Pbam

SG Number 55

Cryst Sys orthorhombic

Pearson oP20

Wyckoff h4 g

R Value　0.026

Red Cell　P　3.44　5.175　10.075　90　90　90　179.355

Trans Red　0.000　0.000　1.000/1.000　0.000　0.000/0.000　1.000　0.000

Atom	#	OX	SITE	x	y	z	SOF	H
Sc	1	+0	4g	0.1375 (2)	0.1488 (1)	0	1	0
B	1	+0	4h	0.3608 (14)	0.4667 (6)	0.5	1	0
B	2	+0	4h	0.4836 (14)	0.1900 (7)	0.5	1	0
C	1	+0	4h	0.3904 (12)	0.0446 (7)	0.5	1	0
C	2	+0	4h	0.2948 (12)	0.3122 (6)	0.5	1	0

18. ThBC

Chem Name　Thorium Boride Carbide (1/1/1)

Structured　Th B C

Sum　C_1 B_1 Th_1

ANX　NOP

D (calc)　9.47

Unit Cell　3.762 (2), 3.762 (2), 25.246 (5), 90°, 90°, 90°

Vol　357.3

Z　8

Space Group　P4122

SG Number　91

Cryst Sys　tetragonal

Pearson　tP24

Wyckoff　d3

R Value　0.06

Red Cell　P　3.762　3.762　25.246　90　90　90　357.298

Trans Red　1.000　0.000　0.000/0.000　1.000　0.000/0.000　0.000　1.000

Atom	#	OX	SITE	x	y	z	SOF	H
Th	1	+0	8d	0.2025 (6)	0.3017 (6)	0.1795 (1)	1	0
B	1	+0	8d	0.197 (11)	0.298 (10)	0.019 (2)	1	0
C	1	+0	8d	0.204 (10)	0.311 (9)	0.080 (3)	1	0

19. $SbLi_3$

Chem Name　Lithium Antimonide - Alpha

Structured Li_3 Sb
Sum Li_3 Sb_1
ANX A_3X
D (calc) 2.98
Unit Cell 4.701, 4.701, 8.309, 90°, 90°, 120°
Vol 159.02
Z 2
Space Group P63/mmc
SG Number 194
Cryst Sys hexagonal
Pearson hP8
Wyckoff f c b
Red Cell P 4.701 4.701 8.309 90 90 120 159.023
Trans Red 1.000 0.000 0.000/0.000 1.000 0.000/0.000 0.000 1.000

Atom	#	OX	SITE	x	y	z	SOF	H
Sb	1	-3	2c	0.3333	0.6667	0.25	1	0
Li	1	+1	2b	0	0	0.25	1	0
Li	2	+1	4f	0.3333	0.6667	0.583	1	0

20. $SbCl_3$

Chem Name Antimony Chloride
Structured Sb Cl_3
Sum Cl_3 Sb_1
ANX AX_3
D (calc) 3.14
Unit Cell 8.111 (2), 9.419 (1), 6.313 (1), 90°, 90°, 90°
Vol 482.3
Z 4
Space Group Pnma
SG Number 62
Cryst Sys orthorhombic
Pearson oP16
Wyckoff d c2
R Value 0.045

Red Cell　P　6.313　8.111　9.419　90　90　90　482.297
Trans Red　0.000　0.000　1.000/1.000　0.000　0.000/0.000　1.000　0.000

Atom	#	OX	SITE	x	y	z	SOF	H
Sb	1	+3	4c	-0.01007 (5)	0.25	0.025 (7)	1	0
Cl	1	-1	4c	0.0715 (2)	0.25	-0.3306 (3)	1	0
Cl	2	-1	8d	0.1761 (2)	0.0707 (1)	0.1343 (2)	1	0

21. $SbRb_3$

Chem Name　Rubidium Antimonide (3/1)-Beta
Structured　Rb_3 Sb
Sum　Rb_3 Sb_1
ANX　A_3X
D (calc)　3.63
Unit Cell　8.84 (2), 8.84, 8.84, 90°, 90°, 90°
Vol　690.81
Z　4
Space Group　Fd-3mS
SG Number　227
Cryst Sys　cubic
Pearson　cF16
Wyckoff　b a
Red Cell　F　6.250　6.250　6.250　60　60　60　172.702
Trans Red　0.500　0.500　0.000/0.000　0.500　0.500/0.500　0.000　0.500

Atom	#	OX	SITE	x	y	z	SOF	H
Rb	1	+1	8a	0	0	0	1	0
Rb	2	+1	8b	0.5	0.5	0.5	0.5	0
Sb	1	-3	8b	0.5	0.5	0.5	0.5	0